高等学校化学实验精品教材

无机及普通化学实验

Inorganic Chemistry and General Chemistry Experiments

主　编　顾颖颖
副主编　曾　琴
参　编　安雅睿
　　　　赵月峰

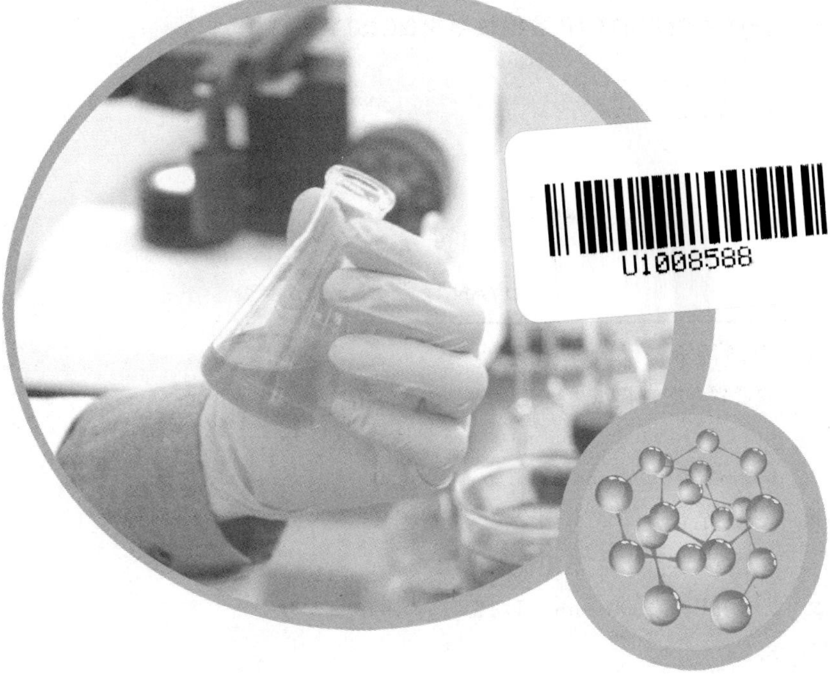

中国科学技术大学出版社

内 容 简 介

本书内容主要包括化学实验室安全知识、实验基本操作、化学原理实验、基础实验、基础综合实验、创新综合实验和附录。在实验内容的安排与设计上，不仅涵盖了经典的基础化学技能训练，还结合课题组老师们的最新科研成果，将最新的实验方法和实验成果转化为创新型综合实验。这些实验内容既能加强学生的基本实验技能训练，又能增强对学生综合实验能力和创新能力的培养。

本书的适用对象为环境、食品、能源、材料等化学相关专业的学生。

图书在版编目(CIP)数据

无机及普通化学实验 / 顾颖颖主编. -- 合肥 ：中国科学技术大学出版社，2025. 8.（2025.10 重印）-- ISBN 978-7-312-06206-3

Ⅰ. O6-3

中国国家版本馆 CIP 数据核字第 2025JY4041 号

无机及普通化学实验

WUJI JI PUTONG HUAXUE SHIYAN

出版 中国科学技术大学出版社
安徽省合肥市金寨路 96 号，230026
http://press.ustc.edu.cn
https://zgkxjsdxcbs.tmall.com

印刷 安徽省瑞隆印务有限公司

发行 中国科学技术大学出版社

开本 710 mm×1000 mm 1/16

印张 8.25

字数 170 千

版次 2025 年 8 月第 1 版

印次 2025 年 10 月第 2 次印刷

定价 36.00 元

前　言

无机及普通化学实验是许多高校化学、化工、材料、能源、环境、食品、生命科学、轻工、冶金、纺织及应用化学等专业的第一门基础性化学实验课程。实验是无机及普通化学必不可少的重要组成部分，通过实验，学生不仅能加深对基础理论的理解，更重要的是，还能掌握化学实验的基本知识，训练基本操作和基本技能，逐步学会对实验现象进行观察、分析、判断和归纳，培养独立解决问题的能力。

随着我国教育体制改革的深化和对科技人才需求的变化，高等院校必须适应创新型人才培养的要求，在扎实的科学素养基础上，重点提升学生的创新能力。本教材汲取了一些兄弟院校的教学实践经验，并结合教师自身科研成果撰写了相关的研究性实验内容，以尽可能满足当前教育教学的需求，编制的实验内容由易到难、循序渐进。

本教材共分四类实验：(1)化学原理实验；(2)基础实验；(3)基础综合实验；(4)创新综合实验。共有化学原理实验、基础实验和基础综合实验19个，创新综合实验10个，在强调无机及普通化学实验的基本知识、操作和技能训练的同时，适当训练学生的综合开发与拓展创新能力，其中创新综合实验取材于教研组教师近年来的科研成果，包括化学计算、锂电池、氢能源、光催化降解、生物模拟酶检测、药物合成等前沿热点。教材内容新颖，具有综合性、创新性和难度大的特点，既可以用作综合训练，也可用作较高层次实验选修课的内容，对提高学生综合素质和创新能力大有裨益。

本教材由顾颖颖担任主编，曾琴担任副主编，安雅睿和赵月峰参与编写，程平、陈春光、郝伟举、辛艳梅、么聪非等老师提供了科研转化的创新综合实验。在此对教研组全体老师的热情帮助致以衷心感谢！

目　　录

第1章
化学实验室安全知识

1.1 化学实验规则

进行化学实验要遵守以下规则：

(1) 进入实验室进行化学实验之前，必须完成化学实验室安全考试，合格并签署安全承诺书后方能开展相关实验。

(2) 实验前认真预习，明确实验目的和要求，了解实验的基本原理、方法和步骤，写出实验预习报告。

(3) 实验时应遵守操作规程，保证实验安全。

(4) 实验中应保持实验室内安静，不准大声喧哗，不得到处乱走，不得无故缺席，因故缺席未做的实验应该及时补做。

(5) 爱护实验仪器和实验室设备，注意节约水、电和煤气。实验中仪器如有损坏，应及时进行登记和补领。

(6) 使用精密仪器时，必须严格按照操作规程进行操作，用后应填写使用记录，如发现仪器有故障，应立即停止使用并报告指导教师，及时排除故障。

(7) 按规定的量取用试剂，注意节约。称取试剂后，及时盖好原瓶盖。放在指定地方的试剂不得擅自拿走。

(8) 实验过程中，随时注意保持工作台面的整洁。纸屑、火柴梗、碎玻璃等应丢入废物缸内，不得丢入水槽，以免堵塞下水管道。有毒性或腐蚀性的化学废液和废渣要分类收集在指定容器内，以便集中处理。

(9) 实验过程中，要认真操作，仔细观察，将观察到的现象和数据如实记录在报告本上。根据原始记录，认真分析问题，处理数据，写出实验报告。

(10) 对实验内容和操作规程不合理的地方可提出改进意见，但实施前一定要与指导教师商讨，经同意后方可进行。

(11) 实验结束后，应将所用仪器洗净并整齐地放回实验柜内。实验台和试剂架必须擦净，最后关好水、电和煤气开关。实验柜内仪器应存放有序、清洁整齐。

(12) 实验室实行轮流值日生制度，实验结束后值日生负责打扫和整理实验室，包括拖地，整理和擦干净试剂架、通风橱、公用台面，清理废物和废液，关闭水、电、煤气开关和实验室门窗，以保持实验室的整洁和安全。

(13) 如果发生意外事故，应保持镇静，不要惊慌失措；如有烧伤、烫伤、割伤时应立即报告教师，及时急救和治疗。

1.2　实验室安全知识

在进行化学实验时，会经常使用水、电、煤气和各种试剂、仪器，如果马马虎虎，不遵守操作规程，不但会造成实验失败，还可能发生事故（如失火、中毒、烫伤或烧伤等）。事故与安全是一对矛盾，它们在一定的条件下可以相互转化。只要我们在思想上足够重视安全工作，遵守操作规程，则事故完全可以避免。因此，在实验过程中应严格遵守如下实验室安全知识：

（1）不要用湿的手、物接触电源。水、电、煤气一经使用完毕，就立即关闭水龙头、煤气开关，拉掉电闸。点燃的火柴或者打火机用后立即熄灭，不得乱扔。

（2）严禁在实验室内进食、吸烟或把食具带进实验室。实验完毕，必须洗净双手。

（3）绝对不允许随意混合各种化学试剂，以免发生意外事故。

（4）金属钾、钠和白磷等暴露在空气中易燃烧，所以金属钾、钠应保存在煤油中，白磷则可保存在水中。取用它们时要用镊子。一些有机溶剂（如乙醚、乙醇、丙酮、苯等）极易引燃，使用时必须远离明火、热源，用毕立即盖紧瓶塞，放在阴凉的地方。

（5）浓酸、浓碱具有强腐蚀性，使用时要小心，不能让其溅在皮肤和衣服上。稀释浓硫酸时，要把酸注入水中，切不可把水注入酸中。

（6）不要俯向容器直接去嗅气体放出的气味。面部应远离容器，用手把容器中溢出的气流慢慢地扇向自己的鼻孔。能产生有刺激性或有毒气体（如 H_2S、HF、Cl_2、NO_2、SO_2、Br_2 等）的实验必须在通风厨内进行。

（7）有毒试剂（如重铬酸钾、钡盐、铅盐、砷的化合物、汞的化合物，特别是氰化物）严禁入口或接触伤口。相关实验剩余的废液也不能随便倒入下水道，应倒入废液缸或教师指定的容器里。

（8）金属汞易挥发，并通过呼吸道而进入人体内，逐渐积累会引起慢性中毒，因此做金属汞的实验应特别小心，不得把金属汞洒落在桌上或地上。一旦洒落，必须尽可能收集起来，并用硫磺粉盖在洒落的地方，使金属汞转变成不挥发的硫化汞。

（9）实验室所有试剂不得带出室外。

1.3 一般伤害救护

(1) 割伤:先取出伤口内的异物,用去离子水洗净伤口,然后贴上创可贴,也可涂红药水或紫药水,必要时撒些消炎粉或敷些消炎膏,用绷带包扎。

(2) 烫伤:不要用水冲洗伤处,也不要弄破水泡。伤处皮肤未破时,可涂擦饱和碳酸氢钠溶液或用碳酸氢钠粉调成糊状敷于伤处,也可抹獾油或烫伤膏;如果伤处皮肤已破,可涂些紫药水或1%高锰酸钾溶液。

(3) 受酸腐蚀致伤:先用大量水冲洗,然后用饱和碳酸氢钠溶液(或稀氨水、肥皂水)冲洗,再用水冲洗。如果酸液不小心溅入眼内,立即用大量水长时间冲洗,然后用质量分数为0.02的硼砂溶液洗眼,再用水冲洗。

(4) 受碱腐蚀致伤:先用大量水冲洗,然后用质量分数为0.02的醋酸溶液或饱和硼酸溶液冲洗,再用水冲洗。如果碱液溅入眼中,用硼酸溶液洗。

(5) 受溴腐蚀致伤:用苯或甘油洗灌伤口,再用水洗。

(6) 受磷灼伤:用1%硝酸银、5%硫酸铜或浓高锰酸钾溶液洗灌伤口,然后包扎。

(7) 吸入刺激性或有毒气体:吸入氯气、氯化氢气体时,可吸入少量酒精和乙醚的混合气使之解毒。吸入硫化氢或一氧化碳气体而感到不适时,应立即到室外呼吸新鲜空气。但应注意氯气、溴中毒不可进行人工呼吸,一氧化碳中毒不可使用兴奋剂。

(8) 触电:首先切断电源,然后在必要时进行人工呼吸。

(9) 伤势较重者,应立即送往医院。

为了对实验室内意外事故进行紧急处理,应该在每个实验室内都配备一个急救药箱。药箱内可准备下列药品:

红药水	碘酒(3%)	烫伤膏
碳酸氢钠溶液(饱和)	醋酸溶液(2%)	氨水(5%)
硫酸铜溶液(5%)	止血剂	消毒棉或创可贴

1.4 灭火常识

实验过程中万一不慎起火，切勿惊慌，应立即采取如下灭火措施：

(1) 防止火势蔓延。

关闭煤气阀门，切断电源，移走一切可燃性物质(特别是有机溶剂和易燃易爆物质)。

(2) 灭火。

物质燃烧需要空气和一定的温度，所以灭火的方法：一是降温，二是使燃烧物质与空气隔绝。灭火最常用的物质是水，它使燃烧区的温度降低而灭火。但在化学实验室里常常不能用水灭火。例如，水能和某些化学试剂(如金属钠)发生剧烈反应，会引起更大的火灾。又如，当有的有机溶剂(如苯、汽油)着火时，因水与它们互不相溶，有机溶剂比水轻而浮在水面上，不仅不能灭火，反而使火场扩大。

化学实验室内一般的小火用湿布、石棉布或沙子覆盖在燃烧物上即可灭火；火势较大时可使用灭火器灭火。实验室常备的灭火器主要有：

① 干粉灭火器：主要由无机物粉末，如磷酸铵盐、碳酸氢钠等填充。干粉的粉末落在可燃物表面外，发生化学反应，并在高温作用下形成一层玻璃状覆盖层，从而隔绝氧气，进而窒息灭火。另外，还能部分稀释氧并起冷却的作用。干粉灭火器可用于一般实验室起火，但不适用于电器起火。

② 二氧化碳灭火器：内装有液态二氧化碳，是实验室最常用的灭火器。适用于油类、电器及忌水化学物质的起火，但不适用于一些轻金属(如 Na、K、Al 等)起火。

灭火器最常用的开启方法为压把法。将灭火器提到距火源适当位置后，先上下颠倒几次，使筒内的干粉松动，然后拔去保险销，压下压把，灭火剂便会喷出，然后让喷嘴对准火焰根部扫射。

(3) 当身上衣服着火时，切勿惊慌乱跑，应赶快脱下衣服或用石棉布覆盖着火处(或就地卧倒打滚)。

第2章
实验基本操作

2.1　试剂的保存与取用

2.1.1　试剂的保存

(1) 一般的化学试剂应保存在通风良好、清洁干燥的房间内，以防止水分、灰尘和其他物质对试剂的玷污。对于有毒、易燃、有腐蚀性和潮解性的试剂，应采用不同的保管方法。

(2) 见光易分解的试剂(如 $AgNO_3$、$KMnO_4$ 等)应装在棕色瓶中。H_2O_2 虽然也是见光易分解的物质，但不能存放在棕色的玻璃瓶中，而需要存放于不透明的塑料瓶中，并放置于阴凉的暗处，以免棕色玻璃中含有的重金属氧化物成分对 H_2O_2 催化分解。

(3) 易氧化的试剂(如氯化亚锡、低价铁盐等)和易风化或潮解的试剂(如氯化铝、无水碳酸钠、苛性钠等)，应放在密闭容器内，必要时应用石蜡封口。对氯化亚锡、低价铁盐这类性质不稳定的试剂，配制的溶液不能久放，宜现配现用。

(4) 盛碱性试剂(如 KOH、NaOH 及 Na_2SiO_3溶液)的试剂瓶要用橡皮塞。易腐蚀玻璃的试剂(如氟化物等)应保存在塑料容器内。

(5) 对于易燃、易爆、强腐蚀性、强氧化剂及剧毒品的存放应特别注意，一般需要分类单独存放，如强氧化剂要与易燃、可燃物分开，隔离存放。对于许多低沸点的有机溶剂，如乙醚、甲醇、汽油等易燃试剂要远离明火。剧毒试剂[如氰化钾(KCN)、三氧化二砷、高汞盐等]和贵重试剂(如 Au、Pt、Ag 等贵重金属)要由专人保管，取用时应严格做好记录，以免发生事故。

(6) 盛装试剂的试剂瓶都应贴上标签，写明试剂的名称、纯度、浓度和配制日期，标签外面应涂蜡或用透明胶带等保护。要定期检查试剂和溶液，变质的或受污染的试剂要及时清理，发现标签脱落应及时更换。标签脱落的试剂在未查明之前不可使用。

2.1.2　试剂的取用

1. 固体试剂的取用

(1) 取用试剂前应看清楚标签。取用时，先打开瓶塞，将瓶塞倒放在实验台上，不能用手接触化学试剂，应根据用量用药匙或小纸条取用试剂。取用完毕，及时将瓶塞盖严，绝不允许将瓶塞张冠李戴。

（2）要用清洁、干燥的药匙取试剂。用过的药匙必须洗净擦干后才能再使用。

（3）注意取药不要超过指定用量，多取的不能倒回原瓶，可放在指定的容器中供他人使用。

（4）往试管（特别是湿的试管）中加入固体试剂时，可用药匙或对折的纸槽伸进试管约 2/3 处，小心地将试剂倒入试管内。加入块状固体试剂时，应将试管倾斜，使其沿着试管壁慢慢滑下，以免碰破试管。

（5）要求取一定质量的固体时，可把固体放在纸或表面皿上，再在台秤上称量。具有腐蚀性或易潮解的固体不能放在纸上，而应放在玻璃容器内进行称量。要求准确称取一定质量的固体时，可在分析天平上用直接法或减量称量法称取。

2．液体试剂的取用

（1）从滴瓶中取液体试剂时，必须注意保持滴管垂直，避免倾斜，尤忌倒立，防止试剂流入橡皮头内而被污染。滴管的尖端不可接触试管内壁，也不得把滴管放在原滴瓶以外的任何地方，以免杂质玷污。

（2）用倾注法取液体试剂时，取下瓶盖倒放在桌上，右手握住瓶子，使试剂标签朝着掌心（防止标签被腐蚀），以瓶口靠住容器壁，缓缓倾出所需液体，让液体沿着器壁往下流。若所用容器为烧杯，则倾注液体时可用玻璃棒引入，用完后，立即将瓶盖盖上。

（3）加入反应器内所有液体的总量不得超过其容积的 2/3，如用试管不能超过其容积的 1/2。

（4）定量量取液体试剂时，可用量筒或移液管。读取体积时，应使视线与量筒或移液管内液体凹液面的最低处保持水平，偏高或偏低都会造成误差。

3．特种试剂的取用

剧毒、强腐蚀性、易爆、易燃试剂的取用需要特别小心，必须采用其他适当的方法来处理。

2.2　常见玻璃仪器

化学实验室用于与液体或气体样品、试剂接触的仪器多为玻璃制品。出于耐高温、防腐蚀、提高强度等各种要求，有时还用陶瓷、搪瓷、塑料、金属制品或木制品等。在化学实验室中，由于无机化学和分析化学实验的许多操作重复性高，大量使用有标准规格的玻璃仪器。由于不同实验的特殊要求，许多化学实验室还使用一些非标准规格的玻璃仪器。

玻璃仪器一般是由软质或硬质玻璃制作而成的。软质玻璃耐温、耐腐蚀性较差，但是价格便宜，因此，一般用它制作的仪器均不耐温，如普通漏斗、量筒、吸滤瓶、干燥器等。硬质玻璃具有较好的耐温和耐腐蚀性，制成的仪器可在温度变化较大的情况下使用，如烧瓶、烧杯等。常用仪器及基本操作见表2.1。

表2.1　常用仪器及基本操作

仪器名称	用　途	注 意 事 项
试管	少量试剂的反应容器	加热后不能骤冷
离心试管	用作定性分析中的沉淀分离	只能用水浴加热
试管架	用于放置试管	
试管夹	夹试管用	防止烧损
毛刷	清洗玻璃仪器壁	
烧杯和烧瓶	反应容器	加热时应放置在石棉网上或加热套内，使受热均匀
锥形瓶	反应容器，适合用于滴定操作	加热时应放置在石棉网上或加热套内，使受热均匀
量筒和量杯	用于量度一定体积的液体	不能加热，不能用作反应容器，不能量取热的液体
容量瓶	用于配制标准浓度的溶液	不能加热，不能代替试剂瓶保存溶液

续表

仪器名称	用　　途	注　意　事　项
滴定管	用于滴定或准确量取液体体积	不能加热或量取热的液体，酸式滴定管的玻璃活塞是配套的，不能互换使用
称量瓶	减量法称量固体样品	不能用火直接加热，瓶和塞是配套的，不能互换
药匙	取固体样品，药匙两端大小不同，均可使用	不同试剂取用时药匙不能混用，取用一种试剂后，必须洗净，并用滤纸擦干后，才能取用另一种试剂
广口瓶、滴瓶、细口瓶	广口瓶用于盛放固体样品；细口瓶、滴瓶用于盛放液体样品	不能直接用火加热，瓶塞不能互换
表面皿	盖在烧杯上，防止液体溅出或其他用途	不能用火直接加热
漏斗	过滤样品	不能用火直接加热
布氏漏斗和吸滤瓶	布氏漏斗和吸滤瓶配套使用，用于减压过滤	滤纸要略小于漏斗的内径使用，不能用火直接加热
分液漏斗	用于互不相溶的液-液分离	不能用火直接加热，漏斗塞子不能互换，活塞处不能漏液
蒸发皿	用于蒸发、浓缩液体	能耐高温，但不宜骤冷，蒸发溶液时，一般放在石棉网上加热，使受热均匀
坩埚	用于高温灼烧固体	
铁架台	用于固定或放置反应容器，铁环还可以代替漏斗架使用	加热后的铁圈不能撞击或摔落在地

2.3　常见仪器的使用

2.3.1　天平

1. 天平的使用方法

电子天平种类繁多，但其使用方法大同小异，具体操作可参考各仪器的使用说明书。以下简要介绍电子天平的使用方法。

(1) 水平调节

在使用前观察水平仪，若水平仪的水泡偏移，需调整水平，使水泡位于水平仪中心。

(2) 预热

接通电源，预热 1 h 后，开启显示器进行操作。称量完毕，一般不用切断电源(若较短时间内暂不使用天平，如 2 h 内)，再用可省去预热时间。

(3) 开启显示器

轻按一下"ON"键，显示屏全亮，约 2 s 后显示天平的型号，然后是称量模式"0.0000 g"。读数时应关上天平门。

(4) 校准

天平安装后，第一次使用前，应对天平进行校准，因存放时间较长、位置移动、环境变化或为获得精确测量，天平在使用前一般都应进行校准操作。

(5) 称量

按"TAR"键，显示为零后，将被称物置于秤盘上，待数字稳定即显示器左下角的"0"标志熄灭后，该数字即为被称物的质量。

① 去皮称量。按"TAR"键清零，将容器置于秤盘上，天平显示容器质量，再按"TAR"键，显示零，即去皮重。再置被称物于容器中，或将被称物(粉末状物或液体)逐步加入容器中直至达到所需质量，待显示器左下角的"0"标志熄灭后，这时显示的是被称物的净质量。将秤盘上的所有物品拿开后，天平显示负值，按"TAR"键，天平显示"0.0000 g"。

② 称量结束后，按"OFF"键关闭显示器。若当天不再使用天平，应拔下电源插头。

2. 称量方法

根据不同的称量对象，选用不同的称量方法。常用的有以下三种称量方法。

(1) 直接称量法

此法直接用于称量物体的质量。这种称量方法适用于称量洁净、干燥、不易潮解或升华的固体试样。

(2) 固定质量称量法

此法又称增量法,用于称量某一固定质量的试剂(如基准物质)或试样。这种称量操作速度很慢,适用于称量不易吸潮、在空气中能稳定存在的粉末状或小颗粒(最小颗粒应小于 0.1 mg)样品,以便调节其质量。

注意:固定质量称量法,先在天平上称出空的洗净干燥的器皿质量,然后用药匙或窄纸条慢慢将试样加到器皿中,使之平衡,即称得一定质量的试样。若不慎加入试剂超过指定质量,用药匙取出多余试剂,重复上述操作,直至试剂质量符合指定要求为止,严格要求时,取出的多余试剂应弃去,不要放回原试剂瓶中。操作时不能将试剂散落于天平托盘表面皿等容器以外的地方,称好的试剂必须定量地由表面皿等容器直接转入接收器,即"定量转移"。

(3) 递减称量法

此法又称减量法,用于称量一定质量范围的样品或试剂。由于称量瓶和滴瓶都有磨口瓶塞,称量易吸水、易氧化或易与 CO_2 反应的样品时,可选择此法。由于称取试样的质量是由两次称量之差求得,故又称差减法。

3. 使用天平的注意事项

(1) 开关天平,放取被称物品,开关天平侧门等,动作都要轻柔,切不可用力过猛、过快,以免造成天平部件脱位或损坏。

(2) 调定零点和读取称量读数时,要留意天平门是否已关好;称量的读数要立即记录在实验报告本中。调定零点和称量读数后,应随手关好天平。

(3) 对于热的或过冷的被称物,应置于干燥器中直至其温度与天平室温度一致后才能进行称量。

(4) 注意保持天平、天平台和天平室的安全、整洁和干燥。

(5) 如果发现天平不正常,应及时报告教师或实验室工作人员,不要自行处理。

(6) 称量完成后,应及时对天平还原并在天平使用登记本上进行登记。

2.3.2 pH 计

pH 计是一种常用的仪器设备,主要用来精密测量液体介质的酸碱度值,若配上相应的离子选择电极也可以测量离子的电极电位值。pH 计的种类很多,这里主要介绍 pHS-3C 型数显 pH 计的原理及操作方法。

1. pH 计测量基本原理

水溶液 pH 的测量一般用玻璃电极作为指示电极,甘汞电极作为参比电极,当溶液中氢离子浓度(严格说是活度)即溶液的 pH 发生变化时，玻璃电极和甘汞电极之间产生的电位差也随之发生变化，而电位差变化关系符合下列公式：

$$\Delta E = \frac{-59.16 \times \Delta pH \times (273 + t)}{293}$$

式中，ΔE(mV)表示电位差的变化；ΔpH 表示溶液 pH 的变化；t(℃)为被测溶液的温度。

常用的指示电极有玻璃电极、锑电极、氟电极、银电极等，其中玻璃电极使用最广。pH 玻璃电极头部由特殊的敏感薄膜制成，它对氢离子有敏感作用，当它插入被测溶液内，其电位随被测液中氢离子的浓度和温度而改变。在溶液温度为 25 ℃，pH 变化为 1 时，电极电位改变 59.16 mV，这就是常说的电极的理论斜率系数。

常用的参比电极为甘汞电极，其电位不随被测液中氢离子浓度而改变。

pH 测量的实质就是测量两电极间的电位差。当一对电极在溶液中产生的电位差等于零时，被测溶液的 pH 即为零电位 pH，它与玻璃电极内溶液有关，本仪器配用的是由玻璃电极和 Ag-AgCl 电极组成一体的复合电极，其零电位在(7 ± 0.25)pH。

2. 操作方法

(1) 仪器使用前的准备：将复合电极按要求接好，置于去离子水中，并使加液口外露。

(2) 按下电源开关，仪器预热 30 min。

(3) 仪器标定：

① 按下"pH"键，斜率旋钮调至 100%位置。

② 将复合电极洗干净，并用滤纸吸干后，将复合电极插入一已知 pH 的标准缓冲液中，温度旋钮调至标准缓冲溶液的温度，搅拌使溶液均匀。

③ 调节定位旋钮，使仪器读数为该标准缓冲溶液的 pH。

(4) 将电极移出，用去离子水洗干净，并用滤纸吸干后将复合电极插入待测溶液中，搅拌使溶液均匀，仪器显示的数值即是该溶液的 pH。

(5) 测量电极电位：

① 将所需的离子选择惰性电极和参比电极按要求连接好，按下"mV"键。

② 将电极用去离子水洗干净，并用滤纸吸干后插入待测溶液中，搅拌使溶液均匀，仪器显示的数值即是该溶液的电极电位值。

(6) 注意保护电极，防止损坏或污染。

① 电极插入溶液后要充分搅拌均匀(2～3 min)，待溶液静止后(2～3 min)再读数。

② 复合电极的外参比补充液是 3 mol/L 的氯化钾溶液，补充液可以从电极上端小孔加入。复合电极不使用时，盖上橡皮塞，防止补充液干涸。离子选择性电极

使用之前要用去离子水浸泡活化。

③ 仪器标定好后，不能再动定位和斜率旋钮，否则必须重新标定。

2.3.3 754N 型分光光度计

1. 性能与结构

754N 型分光光度计是以钨灯氘灯为光源，衍射光栅为单色器。工作波长范围为 200～1000 nm，波长精度为 ±1 nm，光谱带宽为 2 nm，透射比准确度：±0.5%(T)。

2. 操作方法

(1) 按下电源开关，仪器预热 30 min。

(2) 旋转波长调节旋钮至所需波长。

(3) 按“T%/Abs”进入透射比“T”模式。

(4) 打开盖子，按“0%”，显示“0.00%”。

(5) 放入参比液，盖上盖子，按“100%”，显示“100.0%”。

(6) 按“T%/Abs”进入吸光度“A”模式，此时参比液显示“0.000 A”。

(7) 放入待测液，盖上试样室盖，读取吸光度。

(8) 测量完毕，打开试样室盖，取出吸收池，洗净擦干。然后关闭电源，待仪器冷却后，盖上试样室盖，罩上仪器罩，做好仪器使用记录。

3. 使用注意事项

(1) 拿取比色皿时，手指只能捏住其磨砂玻璃面，不要碰比色皿的透光面，以免玷污。清洗比色皿时，一般先用水冲洗，再用去离子水洗净。如比色皿被有机物玷污，可用盐酸-乙醇混合洗涤液(1∶2)浸泡片刻，再用水冲洗。不能用碱溶液或氧化性强的洗涤液清洗比色皿，以免损坏。也不能用毛刷清洗比色皿，以免损伤它的透光面。每次做完实验后，应立即洗净比色皿。

(2) 比色皿外壁的水用擦镜纸或细软的吸水纸吸干，以保护透光面。

(3) 测定有色溶液的吸光度时，一定要用有色溶液清洗比色皿内壁几次，以免改变有色溶液的浓度。

(4) 在测定一系列溶液的吸光度时，通常都以由稀到浓的顺序测定，以减小测量误差。

(5) 在实际分析工作中，通常根据溶液浓度的不同，选用液槽厚度不同的比色皿，使溶液的吸光度控制在 0.2～0.8。

2.3.4 DDS 型电导仪

1. 操作方法

(1) 接通电源，仪器预热 10 min。在没有接上电极接线的情况下，用调零旋钮将仪器的读数调为 0。

(2) 若使用高周档则按下 20 mS/cm 按钮;使用低周档则放开此按钮。

(3) 接上电极接线,将电极从电导池中取出,用滤纸将电极擦干,悬空放置,按下 2 μS/cm 量程按钮,调节电容补偿按钮,使仪器的读数为 0。

(4) 将温度补偿按钮置于 25 ℃的位置上,仪器所测出的电导率则为此温度条件下的电导率。

(5) 按仪器说明书的方法对电极的电极常数进行标定。

(6) 将被测溶液注入电导池内,插入电极,将电导池浸入恒温水槽中恒温数分钟,按下合适的量程按钮,仪器的显示数值即为被测液的电导率。

注意:若仪器显示的首位为 1,后三位数字熄灭,表示被测液的电导率超过了此量程,可换用高一档量程进行测量。

(7) 使用完毕,按电源开关键关闭电源,拔下电源适配器。

2. 仪器维护

(1) 防止湿气、腐蚀性气体进入机内,电极插座应保持干燥。

(2) 电极使用完毕后应清洗干净,然后用干净布擦干,放好。

(3) 盛放被测溶液的容器必须清洁,无离子玷污。

2.4 数据处理软件的使用

2.4.1 WPS Office

(1) 打开原始数据表,或手动输入数据,以图表 x 轴数据为 A 列,y 轴数据为 B 列。

(2) 选中数据列,选择“插入”菜单,点击“全部图表”命令。

(3) 弹出图表对话框。常用“折线图”“散点图”或“柱状图”等,点击即可完成图表。若需要修改图题、坐标或数据源等,可双击或者在图表范围内右键点击所需修改内容。

2.4.2 Origin

(1) 打开原始数据表,或手动输入数据,以图表 x 轴数据为 A(x)列,y 轴数据为 B(y)列。

(2) 选中数据列,点击左下角“折线图”“散点图”或“柱状图”等图标,即可完成图表。若需要修改图题、坐标等,可在数据点上双击或者右键点击选取需修改内容。

第3章
化学原理实验

实验 1　乙酸电离平衡常数的测定

实验目的

(1) 掌握用 pH 计(酸度计)测定乙酸电离平衡常数的原理。
(2) 练习滴定的基本操作。
(3) 学习 pH 计的使用方法。

实验原理

乙酸是弱电解质，在水溶液中存在以下电离平衡：

	$HAc \rightleftharpoons$	H^+	$+ Ac^-$
起始浓度(mol/L)	c	0	0
平衡浓度(mol/L)	$c - c\alpha$	$c\alpha$	$c\alpha$

代入平衡式得

$$K_a = \frac{c_{H^+}\, c_{Ac^-}}{c_{HAc}} = \frac{(c\alpha)^2}{c - c\alpha} = \frac{c\alpha^2}{1-\alpha}$$

当 α 小于 5%时，$c - c\alpha \approx c$，所以$K_a \approx \frac{c_{H^+}{}^2}{c_{HAc}}$。

式中，K_a表示弱酸的电离常数；c 表示弱酸的起始浓度；α 表示弱酸的电离度。

在一定温度下，用 pH 计测定一系列已知浓度的 HAc 的 pH，按 $pH = -\lg c_{H^+}$ 换算为c_{H^+}，根据$c_{H^+} = c\alpha$ 即可求得乙酸的电离度 α 和 $c\alpha^2/(1-\alpha)$值。在一定温度下，$c\alpha^2/(1-\alpha)$值近似地为一常数，所取得的一系列 $c\alpha^2/(1-\alpha)$的平均值，即为该温度时乙酸的电离常数 K_a。

仪器和试剂

1. 仪器

pH 计；量液管(10 mL、5 mL)各 1 支；移液管(50 mL)1 支；烧杯(50 mL)4 只；

容量瓶(100 mL)3 只;锥形瓶(250 mL)2 只;洗瓶;铁架;滴定管夹;小滴管;洗耳球。

2. 试剂

NaOH 标准溶液;HAc 溶液(约 0.2 mol/L,准确至 3 位有效数字);酚酞指示剂;标准缓冲溶液(pH = 6.86,pH = 4.00)。

实验内容

1. 用 NaOH 标准溶液标定 HAc 溶液

在两只 250 mL 的锥形瓶中加入约 0.2 mol/L HAc 溶液,各加入 2 滴酚酞指示剂。分别用标准 NaOH 溶液滴定至溶液呈微红色,半分钟内不褪色为止,记下所用 NaOH 溶液的毫升数。计算 HAc 溶液的浓度,准确至有效数字 3 位。这一步实验视实际时间而定,若时间紧,实验室准备好已知浓度的乙酸溶液。

2. 配制不同浓度的 HAc 溶液

用移液管分别取 5.00 mL、10.00 mL、50.00 mL 已测得准确浓度的 HAc 溶液,分别加入 3 只 100 mL 容量瓶中,用去离子水稀释至刻度,摇匀,并计算出 3 个容量瓶中 HAc 溶液的准确浓度。将溶液从稀到浓排序编号为 1,2,3,原溶液为 4 号。

3. 测定 HAc 溶液的 pH

把以上 4 种不同浓度的 HAc 溶液分别加入四只洁净干燥的 50 mL 烧杯中,按由稀到浓的顺序在 pH 计上分别测定它们的 pH。

数据记录和处理

(1) 滴定数据记录

表 3.1

滴　定	一次	二次
滴定管初读数(mL)		
滴定管终点读数(mL)		
NaOH 溶液耗用体积(mL)		
NaOH 溶液平均耗用体积(mL)		
HAc 体积(mL)		
HAc 的浓度(mol/L)		

（2）pH 测量记录

表 3.2

烧杯编号	c(mol/L)	pH	c_{H^+} (mol/L)	电离常数 K_a	
				测定值	平均值
1	$1/20c_{HAc}$				
2	$1/10c_{HAc}$				
3	$1/2c_{HAc}$				
4	c_{HAc}				

注：25 ℃乙酸 K_a 的文献值为 1.76×10^{-5}。

思考题

（1）若所用 HAc 溶液的浓度极稀，是否还能用近似公式 $K_a\approx\frac{c_{H^+}{}^2}{c_{HAc}}$ 来计算 K_a？为什么？

（2）改变所测 HAc 溶液的浓度或温度，则它的电离常数有无变化？

（3）烧杯是否必须烘干？还可以做怎样的处理？

实验2　化学平衡常数的测定

实验目的

(1) 掌握分光光度法测平衡常数的原理。
(2) 学习分光光度计的使用方法。

实验原理

有色物质溶液颜色的深浅与浓度有关,溶液越浓,颜色越深。因而可以用比较溶液颜色的深浅来测定溶液中该有色物质的浓度,这种测定方法叫作比色分析。用分光光度计进行比色分析的方法称为分光光度法。

根据朗伯-比尔定律,有色溶液对光的吸收程度(即吸光度 A)与溶液中有色物质的浓度和液层厚度 b 的乘积成正比。其数学表达式为

$$A = \varepsilon bc \tag{1}$$

式中,ε 称为摩尔吸收系数。当波长一定时,摩尔吸收系数是有色物质的一个特征常数。若同一种有色物质的两种不同浓度溶液的液层厚度相同,则可得

$$\frac{A_1}{A_2} = \frac{c_1}{c_2} \quad 或 \quad c_2 = c_1 \frac{A_2}{A_1} \tag{2}$$

如果已知标准溶液中有色物质的浓度为 c_1,并测得标准溶液的吸光度为 A_1,未知溶液的吸光度为 A_2,则从式(2)即可求出未知溶液中有色物质的浓度 c_2。这就是比色分析的依据。

本实验通过分光光度法测定下列化学反应的平衡常数:

$$Fe^{3+} + HSCN \rightleftharpoons FeNCS^{2+} + H^+$$

$$K_c = \frac{c_{FeNCS^{2+}} \times c_{H^+}}{c_{Fe^{3+}} \times c_{HSCN}}$$

由于反应中 Fe^{3+},HSCN 和 H^+ 都是无色的,只有 $FeNCS^{2+}$ 呈红色,所以平衡时溶液中 $FeNCS^{2+}$ 的浓度可以用已知浓度的 $FeNCS^{2+}$ 标准溶液通过比色测得,然后根据反应式和 Fe^{3+},HSCN 和 H^+ 的初始浓度,求出平衡时各物质的浓度,即可根据上式算出化学平衡常数 K_c。

本实验中,已知浓度的 $FeNCS^{2+}$ 标准溶液可以根据下面的假设配制:当 $c_{Fe^{3+}}$

$\gg c_{HSCN}$时，反应中 HSCN 可以假设全部转化为 $FeNCS^{2+}$。因此 $FeNCS^{2+}$ 的标准浓度就是所用 HSCN 的初始浓度，实验中作为标准溶液的初始浓度为 $c_{Fe^{3+}}=0.100$ mol/L和 $c_{HSCN}=0.000200$ mol/L。

由于 Fe^{3+} 的水解会产生一系列有色离子，例如棕色的 $Fe(OH)^{2+}$，因此溶液必须保持较大的酸度以阻止 Fe^{3+} 的水解。较大的 c_{H^+} 还可以使 HSCN 基本上保持未解离状态。本实验中的溶液用 HNO_3，保持 $c_{H^+}=0.5$ mol/L。

仪器和试剂

1. 仪器

754N 型分光光度计；吸量管（10 mL）；烧杯（50 mL，洁净干燥）。

2. 试剂

Fe^{3+} 溶液 0.200 mol/L；0.00200 mol/L[用 $Fe(NO_3)_3\cdot 9H_2O$ 溶解在 1 mol/L HNO_3 中配成（HNO_3 的浓度必须标定）]；KSCN 溶液（0.00200 mol/L）。

实验内容

（1）$FeNCS^{2+}$ 标准溶液的配制

在编号为 1 的干燥、洁净烧杯中加入 10.00 mL 0.200 mol/L 的 Fe^{3+} 溶液，2.00 mL 0.00200 mol/L 的 KSCN 溶液和 8.00 mL H_2O，充分混合，得 $c_{FeNCS^{2+},标准}=0.000200$ mol/L。

（2）待测溶液的配制

在编号为 2～5 的烧杯中，溶液的体积分别按表 3.3 中的用量配制并混合均匀。

表 3.3

编号	0.00200 mol/L Fe^{3+} 溶液的体积（mL）	0.00200 mol/L KSCN 溶液的体积（mL）	H_2O 的体积（mL）
2	5.00	5.00	0.00
3	5.00	4.00	1.00
4	5.00	3.00	2.00
5	5.00	2.00	3.00

（3）在 754N 型分光光度计上，以去离子水为参比液，在波长 447 nm 下测定 1～5 号溶液的吸光度。

数据记录与处理

将溶液的吸光度、初始浓度和计算得到的各平衡浓度及 K_c 值记录在表3.4中。

表 3.4

编号	吸光度（A）	初始浓度(mol/L)		平衡浓度(mol/L)				K_c	$K_{c,平均}$
		$c_{Fe^{3+},初始}$	$c_{HSCN,初始}$	$c_{H^+,平衡}$	$c_{FeNCS^{2+},平衡}$	$c_{Fe^{3+},平衡}$	$c_{HSCN,平衡}$		
1									
2									
3									
4									
5									

（1）求各平衡浓度

$$c_{H^+,平衡} = \frac{1}{2} c_{HNO_3,平衡}$$

$$c_{FeNCS^{2+},平衡} = \frac{A_n}{A_1} c_{FeNCS^{2+},标准}$$

$$c_{Fe^{3+},平衡} = c_{Fe^{3+},初始} - c_{FeNCS^{2+},平衡}$$

$$c_{HSCN,平衡} = c_{HSCN,初始} - c_{FeNCS^{2+},平衡}$$

（2）计算 K_c 值

将上面求得的各平衡浓度代入平衡常数公式，求出 K_c。

$$K_c = \frac{c_{FeNCS^{2+}} \times c_{H^+}}{c_{Fe^{3+}} \times c_{HSCN}}$$

思考题

（1）配制溶液时，试剂应用吸量管量取，各支吸量管应严格区分，若不这样做将会对实验产生什么影响？

（2）在配制 Fe^{3+} 溶液时，用纯水和用 HNO_3 溶液来配有何不同？本实验中 Fe^{3+} 溶液为何要维持很大的 c_{H^+}？

（3）为什么计算所得的 K_c 为近似值？怎样求得精确的 K_c？

（4）K_c 文献值为104，试分析产生误差的原因。

实验3　溶度积常数的测定

实验目的

(1) 掌握离子交换法测定溶度积的原理。
(2) 学习离子交换法的操作方法。

实验原理

在难溶电解质 $CaSO_4$ 的饱和溶液中,存在着下列平衡:

$$CaSO_4(s) \rightleftharpoons Ca^{2+} + SO_4^{2-}$$

其溶度积为

$$K_{sp,CaSO_4} = c_{Ca^{2+}} \times c_{SO_4^{2-}}$$

本实验利用离子交换树脂与饱和 $CaSO_4$ 溶液进行离子交换,来测定室温下 $CaSO_4$ 的溶解度,从而确定其溶度积。

离子交换是指离子交换剂与溶液中某些离子发生交换的过程。离子交换树脂是最常用的离子交换剂,它是由人工合成的具有网状结构的高分子化合物,通常为颗粒状,性质稳定,不溶于酸、碱及一般有机溶剂。离子交换树脂中含有能与其他物质进行离子交换的活性基团。含有酸性基团(如磺酸基(—SO_3H)、羧基(—COOH)等)能与其他物质进行阳离子交换的称为阳离子交换树脂;含有碱性基团(如氨基(—NH_2)、亚氨基(—NH)、次氨基(—N—)等)能与其他物质进行阴离子交换的,称为阴离子交换树脂。

本实验采用强酸型阳离子交换树脂(以 R—SO_3H 表示)与饱和 $CaSO_4$ 溶液中的 Ca^{2+} 阳离子进行交换,其反应如下:

$$2R{-}SO_3H + Ca^{2+} = (R{-}SO_3)_2Ca + 2H^+$$

从流出液的 c_{H^+},可计算 $CaSO_4$ 的溶解度 c(单位为 mol/L):

$$c = c_{Ca^{2+}} = c_{SO_4^{2-}} = \frac{c_{H^+}}{2}$$

c_{H^+} 可用酸度计进行测定,从而算出 $CaSO_4$ 的溶度积:

$$K_{sp,CaSO_4} = c_{Ca^{2+}} \times c_{SO_4^{2-}} = c^2$$

仪器和试剂

1. 仪器

离子交换柱；pHS-3C 酸度计；移液管(25 mL)；容量瓶(100 mL)；烧杯(50 mL)。

2. 试剂

新过滤的 $CaSO_4$ 饱和溶液；阳离子交换树脂；标准缓冲溶液(pH = 4.00，pH = 6.86)。

实验内容

1. 装柱

在交换柱底部填入少量玻璃纤维，将 65 mL 阳离子交换树脂(钠型)和水的"糊状"物注入交换柱内，用塑料通条赶走树脂间的气泡，并保持液面略高于树脂，防止树脂间产生气泡，如图 3.1 所示。

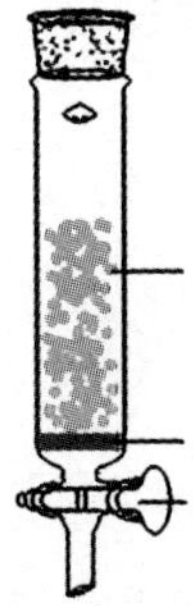

图 3.1　离子交换树脂装柱示意图

2. 转型

为保证 Ca^{2+} 离子全交换 H^+ 离子，必须将钠型完全转变为氢型，否则将使试验结果偏低(为什么?)。

用 130 mL 2 mol/L HCl 以每分钟 30 滴的流速流过离子交换树脂，然后用去离子水洗涤树脂，直到流出液呈中性为止。

3. 交换和洗涤

用移液管准确吸取 25 mL $CaSO_4$ 饱和溶液，放入离子交换柱中。用 100 mL 容量瓶收集流出液，流速控制在每分钟 20～25 滴，不宜太快。当液面下降到略高于树脂时，加 25 mL 去离子水洗涤，流速仍为每分钟 20～25 滴。再次用 25 mL 去离子水继续洗涤，流速可适当加快。继续洗涤，当流出液接近 100 mL 时，用 pH 试纸测试，此时若流出液的 pH 接近于 7，则可旋紧旋塞，移走容量瓶。

4. 氢离子浓度的测定

用去离子水稀释至容量瓶刻度，充分摇匀。用酸度计测定溶液的 pH，计算$c_{H^+,100}$。

实验指导如下：

(1) 根据实验时间，装柱和转型也可由实验准备室完成。

(2) 阳离子交换树脂(钠型)要先用去离子水浸泡 24～48 h 并洗净。

(3) 在每次加液体前，液面都应略高于树脂(2～3 mm)，这样既不会带入气体又可减少溶液的混合，以提高交换和洗涤的效果。

数据记录和处理

(1) 室温________℃。

(2) 过交换柱的饱和溶液体积________。

(3) 流出液的 pH ________。

(4) 流出液的 $c_{H^+,100}$________。

(5) 25 mL 溶液完全交换后的 $c_{H^+,25}=\frac{100}{25}c_{H^+,100}$________。

(6) $CaSO_4$的溶解度 $c=\frac{c_{H^+,25}}{2}$________。

(7) $CaSO_4$的溶度积 K_{sp}________。

思考题

(1) 如何配制饱和 $CaSO_4$溶液？对所用去离子水有何要求？

(2) 在进行离子交换操作过程中，为什么要控制流出液的流速？若流速太快，将会产生什么后果？

(3) 为什么交换前与交换洗涤后的流出液都要呈中性？为什么要将洗涤液合并到容量瓶中？

(4) 除用酸度计测定流出液的c_{H^+}外，还有哪些方法可以测定流出液的c_{H^+}？试设计测定方法，列出计算关系式。

实验4　$Ti(H_2O)_6^{3+}$分裂能的测定

实验目的

(1) 了解分裂能测定的原理。
(2) 学习溶液配置的方法。

实验原理

由晶体场理论可知，过渡金属配合物的中心离子在配体场(晶体场)作用下，d轨道会发生能级分裂(图3.2)。对八面体配合物而言，中心离子5个能量相等的d轨道分裂成能量较高的e_g(或d_y)和能量较低的t_{2g}(或d_g)两组，这两组轨道之间的能量差即为分裂能，用Δ_o表示。

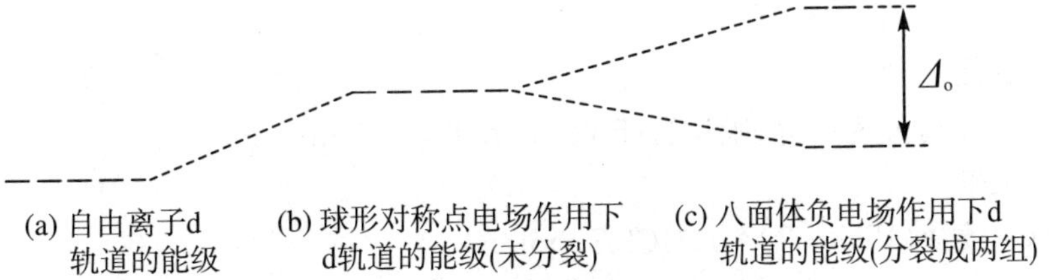

图3.2　八面体场中d轨道能级的分裂

过渡金属离子一般具有未充满的d轨道。由于在配体场作用下发生了能级分裂，因而电子从较低能量的t_{2g}轨道向较高能量的e_g轨道跃迁，这种跃迁称为d-d跃迁，发生d-d跃迁所需要的能量就是d轨道的分裂能。不同配合物可以吸收不同波长的光而发生d-d跃迁，这就是用分光光度法测定分裂能的基础。

对于八面体配离子$Ti(H_2O)_6^{3+}$，中心离子Ti^{3+}只有一个d电子，基态时这个电子位于能量较低的t_{2g}轨道，当它吸收一定波长的光的能量后，就会发生d-d跃迁，即由t_{2g}轨道跃入能量较高的e_g轨道。则

$$E_{光} = h\nu = \frac{hc}{\lambda} = E_{e_g} - E_{t_{2g}} = \Delta_o$$

式中，h为普朗克常数，$h = 6.6261 \times 10^{-34}$ J·s；c为光速，$c = 2.9979 \times 10^8$ m/s，λ

为波长。当1个电子发生 d-d 跃迁时，则

$$\Delta_o = E_{光} = \frac{hc}{\lambda} = \frac{6.261\times10^{-34}\ \text{J}\cdot\text{s}\times2.9979\times10^{8}\ \text{m/s}}{\lambda}$$

$$= \left(1.9864\times10^{-25}\times\frac{1}{\lambda}\right)\text{J}\cdot\text{m}$$

当1 mol 电子发生 d-d 跃迁时，则

$$\Delta_o = N_A h\nu = \frac{N_A hc}{\lambda} = \left(6.022\times10^{23}\,\text{mol}^{-1}\times1.9864\times10^{-25}\times\frac{1}{\lambda}\right)\text{J}\cdot\text{m}$$

$$= \left(1.1962\times10^{-1}\times\frac{1}{\lambda}\right)\text{J}\cdot\text{m/mol} = \left(1.1962\times10^{-4}\times\frac{1}{\lambda}\right)\text{kJ}\cdot\text{m/mol}$$

Δ_o 也常以 cm^{-1} 作单位，1 $cm^{-1}\approx1.1962\times10^{-2}$ kJ/mol。所以，当 Δ_o 用 cm^{-1} 表示，波长单位用 nm 时，则

$$\Delta_o = \left(\frac{1}{\lambda}\times10^{7}\right)\text{cm}^{-1}$$

对一定浓度的 $Ti(H_2O)_6^{3+}$ 溶液，用分光光度计测定不同波长 λ 时的吸光度 A，以波长 λ 为横坐标、吸光度为纵坐标作 A-λ 吸收曲线，则由曲线最大吸收峰对应的波长 $\lambda_{最大}$，可计算 $Ti(H_2O)_6^{3+}$ 的分裂能 Δ_o(cm^{-1})：

$$\Delta_o = \left(\frac{1}{\lambda_{最大}}\times10^{7}\right)\text{cm}^{-1}$$

仪器和试剂

1. 仪器

754N 型分光光度计；吸量管(5 mL)；容量瓶(25 mL)。

2. 试剂

$TiCl_3$溶液(15%～20%)；HCl(2 mol/L)。

实验内容

(1) 用吸量管吸取 5 mL 15%～20% $TiCl_3$溶液于 50 mL 容量瓶中，以 2 mol/L HCl 稀释至刻度，摇匀。

(2) 以去离子水为参比液，用 754N 型分光光度计测出上述 $Ti(H_2O)_6^{3+}$ 溶液在 420～600 nm 波长范围内的吸光度。

注意事项：

(1) Ti^{3+} 易水解，因此要用稀 HCl 为稀释液，但由于 Cl^- 浓度增大，会形成 $[Ti(H_2O)_5Cl]^{2+}$、$[Ti(H_2O)_4Cl_2]^{2+}$ 等配离子，使实验测得的 $\lambda_{最大}$ 偏大，Δ_o偏小。因此，稀释用的 HCl 浓度不宜太大，以控制 Ti^{3+} 不发生水解为宜，如用高氯酸作稀释液则更好。

(2) 实验用过的容器必须及时洗涤干净，以免 Ti^{3+} 氧化水解生成 TiO_2 沉积在容器内壁而呈白色。如果有 TiO_2 沉积出来，可用盐酸和锌粉浸泡后再洗刷干净。

数据记录和处理

(1) 记录不同波长下，$Ti(H_2O)_6^{3+}$ 配合物溶液的吸光度，如表3.5所示。

表 3.5

波长 λ(nm)	420	440	460	480	490	495	500	505	510	515	520	530	540	560	580	600
吸光度 A																

(2) 绘制 A-λ 曲线，在曲线上找出 $Ti(H_2O)_6^{3+}$ 配离子最大吸收峰所对应的波长 $\lambda_{最大}$。

(3) 计算 $Ti(H_2O)_6^{3+}$ 配离子的 Δ_o。

思考题

(1) 不同浓度的 $TiCl_3$ 稀溶液所测得的吸收曲线有何异同点？在同一波长下，光的吸收程度与溶液的浓度有什么关系？

(2) 本实验测定吸收曲线时，溶液浓度的高低对测定 Δ_o 有无影响？

(3) $Ti(H_2O)_6^{3+}$ 配离子的 Δ_o 文献值为 20400 cm^{-1}，分析产生误差的原因。

实验5 电 镀 锌

实验目的

(1) 了解电镀的一般原理。

(2) 了解电镀的工艺过程。

实验原理

电镀在工业上有着广泛的应用,一是可防腐,二是作装饰。它是电镀原理的实际应用之一,即把要镀的零件作阴极,镀层金属作阳极置于适当的电解液中。阴极与直流电源负极相连,阳极与直流电源正极相连。在阴极上进行还原反应,在阳极上进行氧化反应,控制电流密度,在阴极上可得到所需金属镀层。

对金属镀层的一般要求:

(1) 与基体金属结合牢固,附着力好。

(2) 镀层完整,结晶细致紧密,孔隙率小。

(3) 镀层具有良好的物理、化学及机械性能。

(4) 具有符合标准规定的厚度,而且均匀。

电镀过程实质上是金属电结晶过程。其过程可设想为:水化离子扩散迁移→水化膜变形→去水化膜成金属离子→迁移到阴离子成金属离子→离子得电子成金属原子,在基体金属表面形成金属晶体。

形成金属原子的过程,又可分为晶核的形成和成长两个过程,这两个过程速度快慢决定着金属结晶的粗细程度。如果晶核形成速度较快,而晶核成长速度较慢,则生成的晶核数目多,晶粒较细。反之,晶粒就较粗。因此,电镀过程中必须控制晶核形成速度大于晶核成长速度,以便获得结晶细致,排列紧密的镀层。

结晶较细的镀层防护性能和外观质量都较理想。实践表明:提高金属电结晶时的阴极极化作用,可提高晶核的形成速度,获得结晶细致的镀层,但不是极化越大越好,因为极化过大,氢气析出多,质量反而下降。影响镀层粗细的主要因素如下:

1. 电镀液的影响(以电镀锌为例)

(1) 主盐特性。镀层金属的盐为主盐,若主盐是简单盐(如 $ZnSO_4$),阴极极化作用小,结晶较粗。主盐是配盐,由于配离子在溶液中的离解能力较小,金属离子在阴极上还原过程变得困难,从而提高了阴极极化作用,有利于晶核的形成,所以镀层细致。

(2) 主盐浓度。在其他条件不变的情况下,浓度增大,阴极极化下降,镀层结晶较粗。

(3) 附加盐。附加盐的主要作用是提高溶液电导性,提高阴极极化作用,使镀层紧密细致。$ZnSO_4$ 溶液中加入 Na_2SO_4,$Al_2(SO_4)_3$ 即是此目的。$Al_2(SO_4)_3$ 还有调节溶液 pH 的作用。

(4) 添加剂。为改善电镀液性能和镀层质量,往往在电解液中加入少量有机物质,如阿拉伯树胶、糊精、聚乙二醇、硫脲、酒精、葡萄糖,等等。添加剂吸附在阴极表面或与金属离子构成“胶体-金属离子型”配合物,从而大大提高金属离子在阴极还原时的极化作用,使镀层细致、均匀、平整、光亮。

2. 工艺因素影响

(1) 阴极电流密度。阴极电流密度对镀层质量影响较大。一般来说,当阴极电流密度过低时,阴极极化作用较小,镀层较粗。电流密度增大,极化作用增大,镀层变得细致紧密。但阴极上电流密度不能过大,超过一定限度,由于阴极及附近缺乏金属离子,在阴极尖端或凸出的地方会产生海绵状金属镀层。

(2) 电镀液温度。在其他条件相同情况下,升高溶液温度,通常会加快离子扩散速度和阴极反应速度,降低极化作用,因此使镀层变粗。但不能认为升高温度都是不利的,应一分为二,升温可提高阴极电流密度上限,从而弥补升温导致极化降低的缺点,从而提高生产率。一般来说,一定的电镀液,在一定电流密度下,有一定的适宜温度范围,太高太低都不好。

(3) 搅拌减小浓差极化。有利于提高阴极电流密度上限,所以对提高生产率有利。

为了提高镀锌层的抗蚀能力,在铬酸、铬酸盐或重铬酸盐溶液中进行钝化处理,使镀锌层表面形成一层化学稳定性较高的铬酸盐膜,这层膜是由三价和六价的碱式铬酸盐及其水化物组成,如 Cr_2O_3,$Cr(OH)CrO_4$, $Cr_2(CrO_4)_3$,$ZnSO_4$,$Zn_4(OH)_2CrO_4$,$Zn(CrO_2)_2 \cdot xH_2O$。其中,三价铬呈绿色,六价铬呈橙黄色,由于各种颜色的折光率不同,因此这层钝化膜呈彩虹色,钝化后不但可提高镀层抗蚀能力,而且还使表面光泽美观。

综上所述,镀锌工艺条件如表 3.6 所示。

表 3.6

项　　目	数　　值
温度	室温
电流密度	0.01～0.024 A/cm^2
pH	3.5～4.5
阴阳极面积比	1∶3
时间	30 min

仪器和试剂

1. 仪器

直流稳压器；电炉（公用）；大烧杯（公用）；250 mL 烧杯（6 只）；导线（2 根）；石棉铁丝网；200 ℃温度计；竹夹；铜丝；量筒 50 mL、10 mL 各 1 只；烘箱（公用）；玻璃棒。

2. 试剂

弱腐蚀液；电镀液；出光液；钝化液；锌片（3×8 cm；2 mm 厚，1 块）；铁片（1 块）；砂纸；精密 pH 试纸（pH＝5～7）。

实验内容

1. 溶液配制

根据镀件大小和容器大小，按表 3.7 中配比，配制适量的去油液（公用）、去锈液、弱腐蚀液、电镀液、出光液、钝化液。

表 3.7　电镀锌各溶液配方

配　方	名　称	含　量	温　度	时　间
去油液	NaOH Na_3PO_4 Na_2SiO_3	60～80 g/L 30～50 g/L 5～10 g/L	90 ℃左右	5 min
去锈液	HCl H_2O	2 份 1 份	室温	去净为止
弱腐蚀液	HCl	5%	室温	5 s

续表

配　方	名　称	含　量	温　度	时　间
电镀液	$ZnSO_4$ $Al_2(SO_4)_3$ Na_2SO_4 阿拉伯树胶	200 g/L 30 g/L 30 g/L 5 g/L	室温	30 min
出光液	HNO_3	5%	室温	2 s
钝化液	CrO_3 H_2SO_4 HNO_3	200～250 g/L 15～20 mL/L 25～30 mL/L	40 ℃以下	3 s 空气中停留 5 s

2. 工艺操作

按图3.3所示接好线路。具体操作过程如下：计算镀件面积和所需电流大小→砂纸打磨镀件和铁片→冷水冲洗→浸入弱腐蚀液中进行弱腐蚀→冷水冲洗→立即挂上阴极→连接电路→调节电流到所需值，镀30分钟→关上电源开关，取出镀件→冷水冲洗→浸入出光液中出光→立即用冷水冲洗→浸入钝化液中钝化→冷水冲洗→热水浸洗(50 ℃以下，半分钟)→烘箱中烘干(80 ℃以下)。

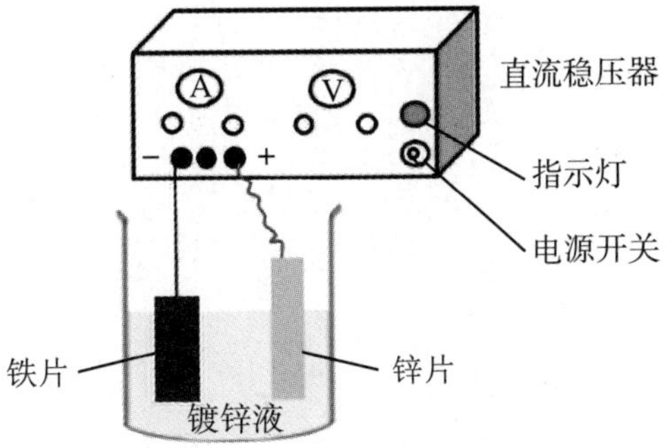

图3.3　电镀锌装置示意图

注意事项：

(1) 各种溶液有腐蚀性，不要用手直接接触，取、放工件时用竹夹子，使用时不要沾在身上、桌上、仪器上。

(2) 实验完毕，电镀液、出光液、弱腐蚀溶液等留作下次实验用，其他溶液听从指导老师叮嘱进行处理，做好整洁工作。

思考题

(1) 电镀液各种成分作用是什么?
(2) 电镀时所需电流大小如何计算解决?
(3) 电镀时两极反应是什么?写出反应式。
(4) 电镀前为何还要进行弱腐蚀?电镀后为何要出光和钝化?

第4章 基础实验

实验6　水质的检验

实验目的

(1) 了解自来水中主要含有哪些无机杂质离子及其鉴定的方法。

(2) 了解用EDTA配位滴定法测定水的硬度的原理和操作方法。

(3) 练习用电导率仪测定电导率的方法。

实验原理

工业生产、科学研究和日常生活用水对水质各有一定的要求。水质的好坏直接关系到产品质量、生产成本,也关系到人们的身体健康,如锅炉、电镀等行业的用水都必须经净化处理。水质检验是正确评价水质的科学依据。

自来水中常见有钠、钙、镁的碳酸盐、酸式碳酸盐、硫酸盐和氯化物以及某些气体和有机物等杂质。这些可溶性杂质离子必须采用某些方法进行纯化处理而得到净化水。常用的方法有:蒸馏法、离子交换法、电渗析法和反渗透法等。评价水质的主要指标如下:

1. 电导率的测定

在工业生产和科研中,水的纯度主要指标是含盐量(即水中各种盐类的阴阳离子的数量)的大小。由于水中含盐量的测定较复杂,所以常用水的导电能力即电导率来间接表示。水中离子浓度愈大,导电能力愈强,溶液的电导率越大。一般将1 cm^3的电阻值称为水中的电阻率(又称比电阻)。电阻率的倒数为电导率(又称比电导)。电导为电阻 R 的倒数。电阻率与电导率的关系为

$$\rho=\frac{1}{\kappa}$$

式中,ρ 是电阻率($\Omega\cdot m$),κ 是电导率($\Omega^{-1}\cdot m^{-1}$)。

2. 水中所含的主要阴、阳离子的定性鉴定

常用下列方法:

(1) Mg^{2+}:用铬黑T检验。

在 pH＝8～11 的溶液中，铬黑 T 本身显蓝色，若水中含有 Mg^{2+}，则和铬黑 T 形成酒红色溶液。

(2) Ca^{2+}：用钙指示剂检验。

游离的钙指示剂呈蓝色，在 pH>12 的碱性溶液中，它能与 Ca^{2+} 结合显红色。在此 pH 值下，Mg^{2+} 不干涉 Ca^{2+} 的检验，因为 pH>12，Mg^{2+} 已生成 $Mg(OH)_2$ 沉淀。

(3) Cl^-：用 $AgNO_3$ 溶液检验 Cl^-。

(4) SO_4^{2-}：用 $BaCl_2$ 溶液检验 SO_4^{2-}。

3．水的硬度

水中钙、镁盐等的含量，用“硬度”表示。其中，钙、镁离子含量是计算硬度的主要指标。水的总硬度包括暂时硬度和永久硬度。在水中，以碳酸氢盐形式存在的钙、镁盐，加热能被分解，生成沉淀而除去。这类盐所形成的硬度称为暂时性硬度。例如：

$$Ca(HCO_3)_2 \xlongequal{\triangle} CaCO_3\downarrow + CO_2\uparrow + H_2O$$

而钙、镁的硫酸盐或氯化物等所形成的硬度称为永久硬度。

硬度对工业用水关系很大，如锅炉给水，我们要进行硬度的分析，为水的处理提供依据。测定水的总硬度就是测定水的钙、镁总含量。

水的硬度单位一般是以每升水中所含的钙、镁等盐类的毫克当量数来表示，即毫克当量/升。每百万份重量水中含钙、镁等盐的总量相当于一份 $CaCO_3$ 重量时称为 1 mg/L。还有以度为单位：每升水中含有钙、镁等盐的总量相当于 10 mg CaO 时，称为 1 度。例如，1 L 水中相当于含有 100 mg CaO 时，其硬度为 10 度。按照水硬度的大小，可将水质分为下列几类(表 4.1)。

表 4.1　实验数据记录表

名称		极软水	软水	中等水	硬水	极硬水
硬度	mg/L	0～75	75～150	150～300	300～500	500 以上
	度	0～4.2	4.2～8.4	8.4～16.8	16.8～28	28 以上

生活用水的总硬度不得超过 25 度。各种工业用水，对硬度要求差别很大。如高压锅炉用水，硬度不得超过 0.89～1.78 mg/L，低压锅炉用水不得超过 89～129 mg/L。

4．EDTA 滴定法测定水的硬度

在 pH≈10 的氨性缓冲溶液中，以铬黑 T(用符号 HI_n^{2-} 表示它的阴离子部分)作为指示剂，用乙二胺四乙酸二钠(简称 EDTA-Na_2，用符号 H_2Y^{2-} 表示它的阴离子部分)标准溶液直接滴定水中的 Ca^{2+} 和 Mg^2 离子，直至溶液由紫红色经紫色转变为蓝色，即为终点。其原理如下：

加入指示剂铬黑 T 与 Ca^{2+}，Mg^{2}离子作用：

$$HI_n^{2-} + M_I^{2+} = M_I I_n^{-} + H^+$$

（蓝色） （金属离子） （酒红色）

MgI_n^-，CaI_n^-没有 MgY^{2-}、CaY^{2-}稳定，当用 EDTA 滴定时，生成了 MgY^{2-}、CaY^{2-}，铬黑 T 游离出来呈蓝色。离子方程式如下：

$$MgI_n^- + H_2Y^{2-} = MgY^{2-} + HI_n^{2-} + H^+$$

$$CaI_n^- + H_2Y^{2-} = CaY^{2-} + HI_n^{2-} + H^+$$

（酒红色） （蓝色）

仪器和试剂

1．仪器

锥形瓶(250 mL)2 只；量筒(25 mL)；移液管(50 mL)1 支；洗耳球；试管架；试管 8 支；酸式滴定管(50 mL)1 支；滴定管夹；铁架台；电导率仪。

2．试剂

HNO_3(1 mol/L)；$AgNO_3$(0.1 mol/L)；铬黑 T；$NH_3 \cdot H_2O$(2 mol/L)；$BaCl_2$(1 mol/L)；钙指示剂；$NH_3 \cdot H_2O$-NH_4Cl 缓冲溶液；EDTA-Na_2 标准溶液。

各溶液配制如下：

(1) 铬黑 T 配制：称取铬黑 T 0.5 g，及少量抗坏血酸，加 20 mL 三乙醇胺，加水 80 mL，搅拌均匀。

(2) 钙指示剂配制：称取钙指示剂 0.5 g 与无水硫酸钠 50 g 混合，并研磨均匀，置于棕色瓶中，保存于干燥器内。

(3) 缓冲溶液配制：固体 NH_4Cl 54 g，浓氨水 350 mL，加水稀释至 1000 mL。

(4) EDTA-Na_2 标准溶液配制：称取乙二胺四乙酸二钠 4 g，溶于 1000 mL 水中。标定：用 25.00 mL 移液管吸取钙镁标准液 25.00 mL 于锥形瓶中，加水25 mL，再加 $NH_3 \cdot H_2O$-NH_4Cl 缓冲溶液 5 mL 及铬黑 T 5 滴，用 EDTA-Na_2 溶液滴至蓝色，记录滴定时消耗 EDTA-Na_2 溶液的毫升数。重复再做一次平行试验。

$$\text{EDTA-Na}_2\ 浓度 = \frac{25.00 \times C_{Ca \cdot Mg}}{V_{EDTA}}$$

(5) 0.0050 N 钙镁标准混合溶液配制：

① 0.0500 N 钙标准溶液：精确称取分析纯碳酸钙 5.0050 g，溶于少量水中，移入 1000 mL 容量瓶中，加 6 mol/L 的盐酸约 10 mL 左右，使溶解，再加水稀释至刻度。

② 0.0500 N 镁标准溶液：精确称取分析纯硫酸镁($MgSO_4 \cdot 7H_2O$)12.3240 g 溶于少量水中，移入 1000 mL 容量瓶中，加水稀释至刻度。

③ 准确吸取 0.0500 N 钙标准液 75.00 mL 及 0.0500 N 的镁标准液

25.00 mL于1000 mL容量瓶中,用水稀释至刻度。

实验内容

1．水质的鉴定

对自来水,进行下列鉴定,并记录结果。

(1) 电导率的测定:每次测定前,都应以待测水样冲洗电导电极,并用干燥滤纸仔细吸干。电导率仪经校正后即可进行测量。测量时必须将铂黑电极的铂片全部浸入水样中,同时不使电极引线受潮。

(2) Mg^{2+}的检定:取水样1 mL放入试管中,加入1滴2 mol/L $NH_3 \cdot H_2O$,再加入少量铬黑T,观察溶液颜色是否转为红色。

(3) Ca^{2+}的检定:取水样1 mL放入试管中,加入8滴2 mol/L $NH_3 \cdot H_2O$,再加入少量钙指示剂,观察溶液是否转为红色。

(4) Cl^-的检定:取水样1 mL放入试管中,加入1滴1 mol/L HNO_3酸化,然后加1滴0.1 mol/L $AgNO_3$,观察是否出现白色沉淀。

(5) SO_4^{2-}的检定:取水样1 mL放入试管中,加入4滴1 mol/L $BaCl_2$,观察是否出现白色浑浊。

2．水样硬度的测定

用50.00 mL移液管吸取水样两份,分别放入2只250 mL锥形瓶中,各加5 mL $NH_3 \cdot H_2O$-NH_4Cl缓冲溶液及3～5滴铬黑T指示剂,用EDTA-Na_2标准溶液滴定至终点,即由红色刚转为蓝色为止,记录EDTA-Na_2标准溶液的用量。

两次滴定误差不得超过0.20 mL,取平均值计算水的硬度,计算公式为

$$\rho(CaCO_3) = \frac{V_1 \times c \times 100.09 \times 1000}{V}$$

式中,$\rho(CaCO_3)$是总硬度(以$CaCO_3$计),单位为毫克每升(mg/L);V_1为滴定中消耗EDTA-Na_2标准溶液的体积,单位为毫升(mL);c为EDTA-Na_2标准溶液的浓度,单位为摩尔/升(mol/L);V为水样体积,单位为毫升(mL);100.09是与1.00 mL 1.000 mol/L EDTA-Na_2标准溶液相当的以毫克表示的总硬度(以$CaCO_3$计)。

数据记录和处理

1．电导率及杂质离子定性鉴定

电导率及杂质离子定性鉴定结果记录在表4.2中。

表 4.2

水样	电导率	杂质离子定性鉴定							
		Mg^{2+}		Ca^{2+}		Cl^-		SO_4^{2-}	
		现象	结论	现象	结论	现象	结论	现象	结论
自来水									
去离子水									

2. 水的硬度测定

水的硬度测定结果记录在表 4.3 中。

表 4.3

滴　　定	第一次	第二次
滴定管终点读数(mL)		
滴定管初读数(mL)		
EDTA-Na_2 溶液耗用体积(mL)		
EDTA-Na_2 溶液平均耗用体积 V_1(mL)		
所取水样体积 V(mL)		
硬度(mg/L)		
平均硬度(mg/L)		

思考题

(1) 为什么说测定水样的电导率能确定它的纯度？电导率数值越大，水样的纯度越高，对吗？

(2) 配制溶液应取用什么水？若配制溶液所用水有一定硬度，对测定水样的硬度有何影响？

(3) 水的硬度有哪几种？此法测定的硬度是指哪种硬度？

实验7 分光光度计法测定铁的含量

实验目的

(1) 掌握邻菲罗啉分光光度法测定铁的含量的原理和方法。
(2) 掌握分光光度计的使用方法。

实验原理

利用有色溶液对某一波长光(单色光)的吸收,从而求得被测物质含量的方法叫作分光光度法。单色光只含一种波长的光。单色光射入有色溶液,被有色溶液吸收一部分,所以通过溶液后其强度减弱了。光线减弱的程度[$\lg(I_0/I_t)$]与溶液浓度及光线经过的液层厚度有下列关系:

$$A=\lg(I_0/I_t)=\varepsilon bc$$

式中,A 为吸光度;ε 为摩尔吸收系数;b 为有色溶液的厚度;c 为有色溶液的浓度;I_0为入射光的强度;I_t为通过溶液后(透射光)光的强度。

如果光线通过溶液完全不被吸收,则 $I_0=I_t$,这时 $\lg(I_0/I_t)=0$;光线吸收得越多,则 $\lg(I_0/I_t)$的数值就越大。因此,这一项是表示光线通过溶液时被吸收的程度,通常叫“光密度”或“吸光度”,用符号 A 表示,由上述关系式得知:溶液的光密度与溶液中有色物质的浓度和液层厚度的乘积成正比。当液层厚度一定时,测定有色溶液的光密度,就可以得出它的浓度。

分光光度计是利用光学原理,将白光通过光栅(或棱镜)、反光镜、透镜、狭缝而获得单色光。单色光通过有色溶液作用于光电池,光电池受光照产生电流,电流强弱与照射光的强弱成正比,这样光电流的大小反映了有色溶液吸收光的程度,也就是光密度的大小。光密度的值可以从仪器上读取。

用分光光度计测定溶液浓度,首先要作工作曲线,即先配制一系列不同浓度的标准溶液,测其光密度,然后以光密度为纵坐标,以浓度为横坐标,在标准坐标纸上绘制标准曲线,此线是通过原点的直线。然后再测未知试样有色溶液的光密度值,由测得的光密度值便可在标准曲线上得到未知溶液对应的浓度。

用硝酸、盐酸、硫酸等溶解铁屑试样,生成的 Fe(Ⅱ)及 Fe(Ⅲ)会水解,为了防止 Fe 离子水解，加入 NH_4Ac，并将溶液 pH 控制在 3 左右。若有 Al、Mo 等元素干扰，可用酒石酸钾钠掩蔽之，加入抗坏血酸（维生素 C）使 Fe（Ⅲ）全部还原成 Fe（Ⅱ），再用显色剂邻菲罗啉使之与 Fe（Ⅱ）定量地生成稳定的配合物。其反应式如下：

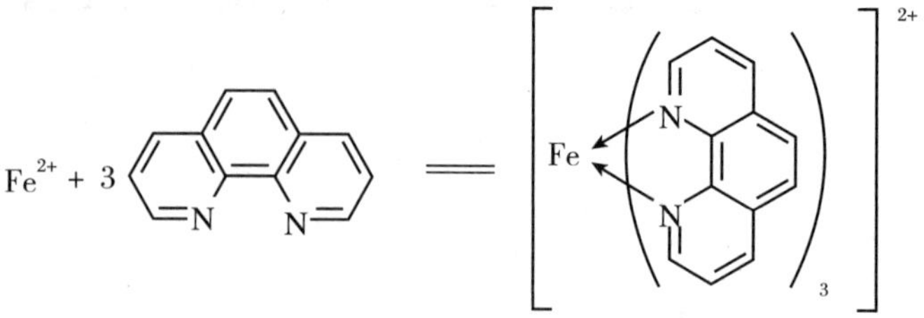

邻菲罗啉　　　　橙红色

当波长为 505 nm 的光通过此配合物溶液时，具有最大吸收峰。且在波长为 470～520 nm 范围内，光密度改变甚小。

仪器和试剂

1. 仪器

容量瓶 50 mL（5 只）；移液管 5 mL（2 支）；量筒 10 mL（1 支）；洗瓶；去离子水滴瓶；铁架台；铁圈；石棉网；酒精灯；洗耳球；移液管架；754N 型分光光度计 1 套（附比色皿 1 套）；擦镜纸。

2. 试剂

抗坏血酸（2%）；乙酸铵（10%）；邻菲罗啉（0.1%）；铁标准溶液；铁待测液。

溶液配制如下：

（1）铁标准溶液配制：称取分析纯硫酸铁铵 $NH_4Fe(SO_4)_2 \cdot 12H_2O$ 0.8634 g，置于烧杯中，加 20 mL 水，加 5 mL 分析纯 H_2SO_4 使之溶解，移入 1 L 容量瓶中，用去离子水稀释至刻度，其含铁量为 100 μg/mL。

（2）铁待测液配制：称取铁屑 0.05 g，置于烧杯中，加 1∶1 硝酸 10 mL 和 1∶1 盐酸 4 mL，加热溶解，再加入 1∶1 硫酸 6 mL，蒸发冒烟 2～3 min，冷却，加 30 mL 去离子水，再加热溶解盐类，冷却后移入 250 mL 容量瓶中，用去离子水稀释至刻度。

实验内容

（1）用移液管分别准确移取铁标准液 0.0 mL，0.5 mL，1.0 mL，1.5 mL，并依次注入 1#，2#，3#，4# 四只 50 mL 的容量瓶中。

（2）用另一只移液管准确移取铁待测液 1 mL 置于 50 mL 5# 容量瓶中。

(3) 分别用量筒量取 10% NH_4Ac 溶液 5 mL，2%抗坏血酸溶液 5 mL 加入 1# ～5# 容量瓶中，然后把 5 只容量瓶同时置于沸水浴中加热 30 s(注意：切勿盖塞子)，立即向各容量瓶中加入 0.1%邻菲罗啉 10 mL，冷却，用去离子水稀释至刻度，摇匀。

(4) 用比色皿分别盛装 1# 容量瓶中的空白液，和 2#，3#，4#，5# 容量瓶中的铁标准液和铁待测液，置于分光光度计的框架上测定相应的光密度值，并记录。

(5) 绘制标准曲线。在坐标纸上，以铁标准溶液的光密度值为纵坐标，已知溶液的含铁量(μg/mL)为横坐标，绘制标准曲线。

(6) 根据铁待测液的光密度值，在标准曲线上查出其对应的铁含量 M(μg/mL)。

(7) 计算铁的含量：$\omega_{Fe}(\%) = \dfrac{M \times 10^{-6} \times 250 \times 50 \times 100\%}{0.05}$

数据记录和处理

(1) 数据记录和处理。

表 4.4

容量瓶编号	铁标准溶液(原液浓度 100 μg/mL)				铁待测液
	1	2	3	4	5
原液体积(mL)	0.00	0.50	1.00	1.50	1.00
容量瓶中铁含量(μg/mL)	0	1	2	3	
吸光度(A)					

(2) 绘制标准曲线。

(3) 由铁待测液的光密度在标准曲线中查找对应的铁的含量(μg/mL)。

(4) 计算铁的百分含量 $\omega_{Fe}(\%)$。

思考题

(1) 本实验所用各种玻璃器皿应如何洗涤？

(2) 为什么用分光光度法测定试样含量时要配空白试液？

(3) 怎样才能测得可靠的实验数据？怎样绘制标准曲线？

实验8　粗盐的提纯

实验目的

(1) 了解提纯粗食盐的方法。

(2) 学习称量、过滤、蒸发及减压抽滤等基本操作。

实验原理

粗食盐中含有不溶性杂质(如泥沙等)和可溶性杂质(主要是 Ca^{2+}、Mg^{2+}、K^+ 和 SO_4^{2-} 等)。不溶性杂质可用溶解和过滤的方法除去。

可溶性杂质可用下列方法除去:在粗食盐溶液中加入稍微过量的 $BaCl_2$ 溶液,即可将 SO_4^{2-} 转化为难溶解的 $BaSO_4$ 沉淀而除去。反应式如下:

$$Ba^{2+} + SO_4^{2-} = BaSO_4 \downarrow$$

将溶液过滤,除去 $BaSO_4$ 沉淀。再加入 NaOH 和 Na_2CO_3 溶液,发生下列反应:

$$Mg^{2+} + 2OH^- = Mg(OH)_2 \downarrow$$

$$Ca^{2+} + CO_3^{2-} = CaCO_3 \downarrow$$

$$Ba^{2+} + CO_3^{2-} = BaCO_3 \downarrow$$

食盐溶液中的杂质 Ca^{2+}、Mg^{2+},以及沉淀 SO_4^{2-} 时加入的过量 $BaCl_2$、NaOH、Na_2CO_3 便相应转化为难溶的 $CaCO_3$、$Mg(OH)_2$、$BaCO_3$ 沉淀而通过过滤的方法除去。

过量的 NaOH 和 Na_2CO_3 可以用 HCl 溶液中和除去。

$$OH^- + H^+ = H_2O$$

$$CO_3^{2-} + 2H^+ = H_2O + CO_2 \uparrow$$

K^+ 离子含量较少,可用浓缩结晶的方法留在母液中。

仪器和试剂

1. 仪器

天平;烧杯(150 mL);普通漏斗;漏斗架;布氏漏斗;吸滤瓶;蒸发皿。

2. 试剂

粗食盐；镁试剂；滤纸；HCl 溶液（2 mol/L）；NaOH 溶液（2 mol/L）；$BaCl_2$ 溶液（1 mol/L）；Na_2CO_3溶液（1 mol/L）；$(NH_4)_2C_2O_4$溶液（0.5 mol/L）；pH 试纸。

实验内容

1. 粗食盐的提纯

（1）在天平上称取 8 g 粗食盐，放入小烧杯中，加 30 mL 去离子水，用玻璃棒搅拌，并加热使其溶解。至溶液沸腾时，在搅动下一滴一滴加入 1 mol/L $BaCl_2$ 溶液（约 2 mL）至沉淀完全。继续加热，使 $BaSO_4$颗粒长大而易于沉淀和过滤。为了检测沉淀是否完全，可将烧杯从石棉网上取下，待沉淀沉降后，在上层清液中加入 1～2 滴 $BaCl_2$ 溶液，观察澄清液中是否还有浑浊现象。如果无浑浊现象，说明 SO_4^{2-} 已完全沉淀。如果仍有浑浊现象，则需继续滴加 $BaCl_2$ 溶液，直至上层清液在加入一滴 $BaCl_2$ 后不再产生浑浊现象为止。沉淀完全后，继续加热 5 min，以使沉淀颗粒长大而易于沉降，用普通漏斗过滤。

（2）在滤液中加入 2 mol/L NaOH 溶液 1 mL 和 1 mol/L Na_2CO_3溶液 3 mL，加热至沸。待沉淀沉降后，在上层清液中滴加 1 mol/L Na_2CO_3溶液至不再产生沉淀为止，用普通漏斗过滤。在滤液中逐滴加入 2 mol/L HCl 溶液，并用玻璃棒蘸取滤液在 pH 试纸上试验，直至溶液呈微酸性（$pH \approx 6$）为止。

（3）将溶液转移至蒸发皿中，用小火加热蒸发，浓缩至稀粥状稠液为止，但切不可将溶液蒸发至干。冷却后，用布氏漏斗过滤，尽量将结晶抽干。将结晶转至蒸发皿中，在石棉网上用热空气加热干燥。

（4）冷却后称量产品质量，计算产品产率。

2. 产品纯度检验

取少量（约 1 g）提纯前、后的食盐，各用 5 mL 去离子水溶解，分别置于 3 支试管中，组成 3 组，对照检验它们的纯度。

（1）SO_4^{2-} 的检验

在第一组溶液中，分别加入 2 滴 1 mol/L $BaCl_2$ 溶液，比较沉淀产生的情况。

（2）Ca^{2+} 的检验

在第二组溶液中，各加入 2 滴 0.5 mol/L $(NH_4)_2C_2O_4$ 溶液，观察有无 CaC_2O_4沉淀产生。

（3）Mg^{2+} 的检验

在第三组溶液中，各加入 2～3 滴 1 mol/L NaOH 溶液，使溶液呈碱性（用 pH 试纸检验），再各加入 2～3 滴镁试剂，观察有无天蓝色沉淀产生。

思考题

（1）能否用重结晶的方法提纯氯化钠？

(2) 能否用氯化钙代替毒性大的氯化钡来除去食盐中的 SO_4^{2-}？

(3) 在除去 Ca^{2+}、Mg^{2+}、SO_4^{2-} 时，为什么要先加 $BaCl_2$ 溶液，再加 Na_2CO_3 溶液？

(4) 怎样除去过量加入的 Na_2CO_3？

(5) 在实验中，如果以 $Mg(OH)_2$ 沉淀形式除去粗盐溶液中的 Mg^{2+}，则溶液的 pH 应如何？

实验9 硫酸亚铁铵的制备

实验目的

(1) 了解硫酸亚铁铵的制备原理。
(2) 巩固无机合成的基本操作。

实验原理

硫酸亚铁铵[$FeSO_4 \cdot (NH_4)_2SO_4 \cdot 6H_2O$],俗称摩尔盐。根据同一温度下复盐的溶解度比组成它的简单盐的溶解度小的特点,用等物质的量 $FeSO_4$ 和 $(NH_4)_2SO_4$ 在水溶液中相互作用可以制得浅绿色的 $FeSO_4 \cdot (NH_4)_2SO_4 \cdot 6H_2O$ 复盐晶体。其反应式为

$$FeSO_4 + (NH_4)_2SO_4 + 6H_2O = FeSO_4 \cdot (NH_4)_2SO_4 \cdot 6H_2O$$

$FeSO_4$ 可由铁屑或铁粉与稀硫酸作用制得:

$$Fe + H_2SO_4 = FeSO_4 + H_2 \uparrow$$

硫酸亚铁铵易溶于水,难溶于乙醇,在空气中不易被氧化,故在分析化学中常被选作氧化还原滴定法的基准物。

仪器和试剂

1. 仪器

台秤;布氏漏斗;吸滤瓶;比色管(25 mL)。

2. 试剂

H_2SO_4(3 mol/L);KSCN(1 mol/L);$(NH_4)_2SO_4$(s);标准铁溶液(Fe^{3+} 含量为 0.100 mg/mL);铁粉。

实验内容

1. 硫酸亚铁的制备

称 2 g 铁粉于小烧杯中,加入 3 mol/L H_2SO_4 所需的量(自行计算,过量

20%)，盖上表面皿，用小火加热，使铁粉和 H_2SO_4反应，直至不再有气泡冒出为止(约需 20 min)。在加热过程中应补充少量水，以防 $FeSO_4$结晶析出。然后趁热抽滤，用少量热的去离子水洗涤。将滤液转移至蒸发皿中，此时滤液的 pH 应在 1 左右。

2．硫酸亚铁铵的制备

根据 $FeSO_4$理论产量，按照反应式计算所需固体硫酸铵的量(考虑到 $FeSO_4$在过滤操作中的损失，$(NH_4)_2SO_4$用量可按生成 $FeSO_4$理论产量 80%～85%计算)。在室温下将称出的$(NH_4)_2SO_4$配制成饱和溶液，加到已制备好的硫酸亚铁溶液中，混合均匀，用 3 mol/L H_2SO_4将溶液调至 pH 为 1～2。用小火蒸发浓缩至表面出现晶膜为止，冷却，即可得到硫酸亚铁铵晶体。减压过滤，观察晶体的形状和颜色。称量并计算产率。

3．产品检验——Fe^{3+}的含量分析

称取 1 g 产品，放入 25 mL 比色管中，用 15 mL 不含氧的去离子水(将去离子水用小火煮沸 5 min 以除去所溶解的氧，盖好表面皿，冷却后即可取用)溶解，加入 1.0 mL 3 mol/L H_2SO_4和 1.0 mL 1 mol/L KSCN，再加不含氧的去离子水至刻度，摇匀。用目测法与 Fe^{3+}的标准溶液进行比较，确定产品中 Fe^{3+}含量所对应的级别。

Fe^{3+}标准溶液的配制：依次量取 Fe^{3+}含量为 0.100 mg/mL 的溶液 0.50 mL，1.00 mL，2.00 mL，分别置于三个 25 mL 比色管中，并各加入 1.0 mL 3 mol/L H_2SO_4和 1.0 mL 1 mol/L KSCN，最后用不含氧的去离子水稀释至刻度，摇匀，配成不同等级的标准溶液，如表 4.5 所示。

表 4.5

规　格	Ⅰ级	Ⅱ级	Ⅲ级
Fe^{3+}含量(mg)	0.05	0.10	0.20

数据记录和处理

(1) 列式计算反应需要的 H_2SO_4与$(NH_4)_2SO_4$的量。

(2) 计算 $FeSO_4 \cdot (NH_4)_2SO_4 \cdot 6H_2O$ 的产率。

(3) 确定产品含 Fe^{3+}的级别。

思考题

(1) 为什么要保持硫酸亚铁溶液和硫酸亚铁铵溶液有较强的酸性？

(2) 为什么在检验产品中 Fe^{3+}含量时，要用不含氧的去离子水？

实验10 三氯化六氨合钴(Ⅲ)的制备

实验目的

(1) 了解三氯化六氨合钴(Ⅲ)制备的原理。
(2) 了解冷却结晶的方法。

二、实验原理

根据有关电对的标准电极电势可知,在通常情况下,Co(Ⅱ)盐在水溶液中是稳定的,而Co(Ⅲ)盐在水溶液中不能稳定存在,但当生成氨配合物后正相反。因此常用空气或过氧化氢等氧化二价钴的化合物的方法来制备三价钴的氨配合物。

以氨为配位剂,在不同的条件下可制备多种Co(Ⅲ)的氨配合物,如三氯化六氨合钴(Ⅲ)($[Co(NH_3)_6]Cl_3$,橙黄色的晶体),二氯化一氯五氨合钴(Ⅲ)($[Co(NH_3)_5Cl]Cl_2$,紫红色晶体),三氯化五氨一水合钴(Ⅲ)($[Co(NH_3)_5H_2O]Cl_3$,砖红色晶体)。

本实验以活性炭为催化剂,采用 H_2O_2 作氧化剂,在过量氨和氯化铵存在下,将Co(Ⅱ)氧化为Co(Ⅲ),来制备三氯化六氨合钴(Ⅲ)配合物,反应式为

$$\underset{\text{粉红色}}{2CoCl_2} + 10NH_3 + 2NH_4Cl + H_2O_2 \xlongequal{\text{活性炭}} \underset{\text{橙黄色}}{2[Co(NH_3)_6]Cl_3} + 2H_2O$$

将产物溶解在酸性溶液中以除去其中混有的催化剂,抽滤除去活性炭,然后在较浓盐酸存在下使产物结晶析出。

20 ℃时,$[Co(NH_3)_6]Cl_3$在水中的溶解度为0.26 mol/L,$K^{\ominus}_{\text{不稳}} = 2.2 \times 10^{-34}$,因此,一般情况下$[Co(NH_3)_6]Cl_3$很稳定,只有在过量强碱存在且煮沸的条件下会按下式分解:

$$2[Co(NH_3)_6]Cl_3 + 6NaOH \xlongequal{\text{煮沸}} 2Co(OH)_3 + 6NaCl + 12NH_3\uparrow$$

仪器和试剂

1. 仪器

台秤；锥形瓶；吸滤瓶；布氏漏斗。

2. 试剂

$CoCl_2 \cdot 6H_2O$(s)；NH_4Cl(s)；$NH_3 \cdot H_2O$(浓)；HCl(浓；2 mol/L)；H_2O_2(6%)；活性炭；乙醇；冰。

实验内容

(1) 用台秤称取 6 g 研细的 $CoCl_2 \cdot 6H_2O$ 和 4 g NH_4Cl，放入锥形瓶中，再加入 10 mL 去离子水，加热溶解后加入 0.4 g 研细的活性炭，混合均匀，流水冷却后加入 14 mL 浓氨水，进一步用冰水冷却至 10 ℃以下。缓慢加入 14 mL 6% H_2O_2(分数次加入，边加边摇)。然后在水浴上加热至 60 ℃，恒温 20 min 后，以流水冷却后再用冰水冷却至 0 ℃。抽滤，将沉淀溶于含有 2 mL 浓盐酸的 50 mL 沸水中，趁热抽滤。在滤液中逐滴加入 7 mL 浓盐酸，以冰水冷却，即有橙黄色晶体析出。抽滤，晶体用 2 mol/L HCl 洗涤，再用少量乙醇洗涤，抽干，晶体在水浴上烘干，称量。

(2) 描述得到的三氯化六氨合钴(Ⅲ)配合物晶体的颜色。

(3) 计算制得的三氯化六氨合钴(Ⅲ)配合物的产率。

思考题

(1) 试从电对 Co^{3+}/Co^{2+}，$Co(NH_3)_6^{3+}/Co(NH_3)_6^{2+}$ 的标准电极电势，说明钴的化合物通常以 Co(Ⅱ)盐较稳定，而 Co(Ⅲ)则以配合物状态较稳定。

(2) 制备过程中，为什么要在 60 ℃水浴上恒温 20 min？能否加热至沸腾？

(3) 在加入 H_2O_2 和浓盐酸时都要求慢慢加入，为什么？它们在制备过程中各起什么作用？

(4) 要使$[Co(NH_3)_6]Cl_3$合成产率高，哪些步骤是比较关键的？为什么？

实验 11　振 荡 反 应

实验目的

(1) 了解振荡反应的原理。
(2) 了解振荡反应的操作和现象。

实验原理

碘钟反应(Iodine Clock Reaction)是一种化学振荡反应,其体现了化学动力学的原理。碘钟反应于 1886 年被瑞士化学家 Hans Heinrich Landolt 发现。在碘钟反应中,两种(或三种)无色的液体被混合在一起,并在几秒钟后变成靛蓝色。碘钟反应可以通过不同的途径实现。有过氧化氢型、碘酸盐型、过硫酸盐型、氯酸盐型等多种类型的碘钟,本实验验证过氧化氢型碘钟。

大部分化学振荡反应过程十分复杂,许多问题至今也没搞清楚,在反应中,存在自催化、多变量的反应过程。同时这组反应也是相互耦合的非线性过程,它能产生化学振荡(化学钟)等各种耗散结构。

过氧化氢型碘钟是通过向硫酸酸化的过氧化氢溶液中加入碘酸钾、硫代硫酸钠和淀粉的混合溶液。此时在体系中存在一系列复杂的反应,形成了氧气和碘:

$$2IO_3^- + 2H^+ + 5H_2O_2 = I_2 + 5O_2 + 6H_2O$$

I_2 呈琥珀色,与淀粉反应出现蓝色,但在溶液中继续反应,溶液的颜色褪去:

$$I_2 + 5H_2O_2 = 2IO_3^- + 2H^+ + 4H_2O$$

$$2I_2 + CH_2(COOH)_2 = I_2C(COOH)_2 + 2I^- + 2H^+$$

$$I^- + I_2 = I_3^-$$

但当 I_2 增加时,将再次出现蓝色。

仪器和试剂

1. 仪器

烧杯(50 mL)3 个;容量瓶(50 mL)3 个;量筒(50 mL)2 支;锥形瓶(250 mL);

玻璃棒。

2. 试剂

过氧化氢溶液(30%);丙二酸;硫酸锰;可溶性淀粉;碘酸钾;硫酸(2 mol/L)。

实验内容

1. 溶液的配制

(1) A溶液的配制。量取20 mL 30%的过氧化氢溶液,转移入50 mL容量瓶里,用去离子水稀释到刻度,得3.6 mol/L过氧化氢溶液。

(2) B溶液的配制。称取2.15 g碘酸钾溶于适量热水中,再加入2 mL 2 mol/L硫酸溶液酸化。转移入50 mL容量瓶里,稀释到刻度。

(3) C溶液的配制。称取0.04 g可溶性淀粉,用少量水调成糊状,然后倒入盛有20 mL沸水的烧杯中,再加入0.78 g丙二酸和0.16 g硫酸锰,待晶体溶解,溶液冷却后移入50 mL容量瓶里,稀释到刻度。

2. 振荡实验

将A、B、C三组溶液在锥形瓶中混合,立即可以观察到反应液由无色变为琥珀色,约几秒后变为蓝紫色,再经几秒后褪为无色,接着琥珀色(颜色逐渐加深)、蓝紫色反复出现,几秒后又消失,这样周而复始地呈周期性变化,直至颜色不发生变化。此反应25 ℃左右实验效果较好,振荡周期约为8 s,反复振荡能持续10多分钟。

思考题

(1) 溶液的颜色为什么不能无限地呈周期性变化下去?变色溶液最后应是何色?为什么?

(2) 在这个反应中产生了什么气体?

(3) 可用什么方法使这个振荡反应恢复?试一试。

(4) 丙二酸和锰盐在反应中是个重要的试剂,如改变C溶液的成分,不加入丙二酸或不加入硫酸锰,重复上述试验,将会产生什么现象?

实验12 着火的铁

实验目的

(1) 了解铁自燃的原理。
(2) 掌握用试管加热的操作。

实验原理

化学反应的速率与许多因素有关,主要包括反应物的性质、反应温度、浓度、压强、催化剂、光照、固体表面积等。对固体反应物,表面积是一个重要的因素之一。当固体颗粒细化或增加其表面积时,较大的表面积使得固体反应物之间的碰撞概率增大,反应速率也会相应增加。

本实验中将草酸铁分解生成单质铁,其化学反应方程式可表示如下:

$$FeC_2O_4 \cdot 2H_2O = CO_2\uparrow + CO\uparrow + 2H_2O + FeO$$

$$3FeO = Fe_2O_3 + Fe$$

$$4FeO = Fe_3O_4 + Fe$$

生成的单质铁是非常细小的纳米级铁粉,其表面积远大于常见的单质铁块,因而与氧气发生氧化反应的速率很快。当铁粉下落时,空气的撞击和摩擦生热,使其具有很高的反应活性,从而引发自燃。

仪器和试剂

(1) 仪器:试管;酒精灯;橡皮塞;试管夹。
(2) 试剂:草酸亚铁。

实验内容

在干燥的试管中装入(1/4)～(1/5)体积的草酸亚铁($FeC_2O_4 \cdot 2H_2O$),先小火加热后强热,并不断搅拌,待试管内草酸亚铁完全变成黑色时,停止加热,移去火焰，迅速塞上橡皮塞。稍后去除橡皮塞，倒置试管，边振动边洒落试管内的微铁粉，即可观察到闪光的火星。

思考题

(1) 将一枚铁钉按上述操作能否看到着火现象？若无着火现象，试思考，同样是铁，为什么组成微铁粉后接触空气就能闪光着火？

(2) 要使以上实验现象明显，关键在哪一个步骤上？

(3) 若用煤、砂糖、淀粉等细粉末代替草酸亚铁，是否也能出现类似的现象？

实验13 薄层色谱

实验目的

(1) 了解薄层色谱的分离原理。
(2) 学习薄层色谱的操作方法。

实验原理

薄层色谱法(Thin Layer Chromatography,简称 TLC,又称为薄层层析)是一种用于分离混合物的色谱技术。薄层色谱分离效果好,灵敏快速,对于固定相的选择更多,且薄层色谱的结果还可作为柱色谱的参考。在有机化合物的分离中,薄层色谱是极为重要的一种方法。

薄层色谱法利用各成分对同一吸附剂吸附能力不同,在移动相(溶剂)流过固定相(吸附剂)的过程中,连续地产生吸附、解吸附、再吸附、再解吸附,从而达到各成分互相分离的目的。常用的薄层色谱吸附剂有硅胶、氧化铝、纤维素、聚酰胺等。实验室一般使用氧化铝或硅胶。这两种吸附剂中氧化铝的极性更大一些,它是一种高活性和强吸附的极性物质。氧化铝有中性、酸性和碱性 3 种。酸性氧化铝适用于分离酸性有机物质;碱性氧化铝适用于分离碱性有机物质,如生物碱和胺类化合物;中性氧化铝应用最为广泛,适用于中性物质的分离,如醛、酮、酯、醌等有机物质。硅胶略带酸性,适用于酸性和中性物质的分离,如有机酸、酚、醛等。

吸附剂的选择:首先决定于样品成分的性质,即它们的溶解性、酸碱性、极性以及是否与吸附剂起化学反应等。其次要考虑吸附剂、载体是否容易得到及其价格等。

选择合适的展开剂是很重要的。极性化合物选择极性展开剂,非极性化合物选择非极性展开剂,当一种展开剂不能将样品分离时,可选用混合溶剂作展开剂,一般展开能力大小与溶剂的极性成正比。图 4.1 所示为常见溶剂在薄层板上的展开能力。

戊烷　四氯化碳　苯　氯仿　二氯甲烷　乙醚　乙酸乙酯　丙酮　乙醇　甲醇

→

极性及展开能力增加

图 4.1　常见溶剂在薄层板上的展开能力

操作时先将混合物样品用毛细管点于板上，而后在密闭的层析缸中，用单一或混合溶剂作为流动相，通过毛细作用缓慢地将混合物试样中的成分由下而上带到板的顶端。样品中各组分与固定相的吸附不同，且在洗脱溶剂的溶解度也不同，导致各组分的上升速度有差异而最终在板上形成不同的斑点，达到分离混合物的目的。样品中吸附能力最弱的组分，容易溶解而不易吸附，会随展开剂向薄层板上方移动较大的距离。相反，吸附能力强的组分，在薄层上移动的距离较短。在给定的条件下(吸附剂、展开剂、板层厚度等)，化合物移动的距离和展开剂移动的距离之比是一定的，即比移值(R_f)是化合物的物理常数，其大小只与化合物本身的结构有关，因此可以根据 R_f值鉴别化合物。

如图 4.2 所示，R_f = 原点至组分点中心的距离/原点至流动前沿的距离，则

组分一　$R_{f1} = L_1/L_0$

组分二　$R_{f2} = L_2/L_0$

展开完毕后，把薄层板从层析缸中取出，用铅笔划出或小针刺出展开剂前缘的位置，随即进行显色，以确定各个斑点的位置、R_f值和显色情况，从而判断试样中含有哪些组分。

有色物质经展开后呈现明显的色斑，很易判断。对于无色物质，可根据化合物的性质，用物理检出法、化学检出法、酶与生物检出法和放射性检出法进行显色。

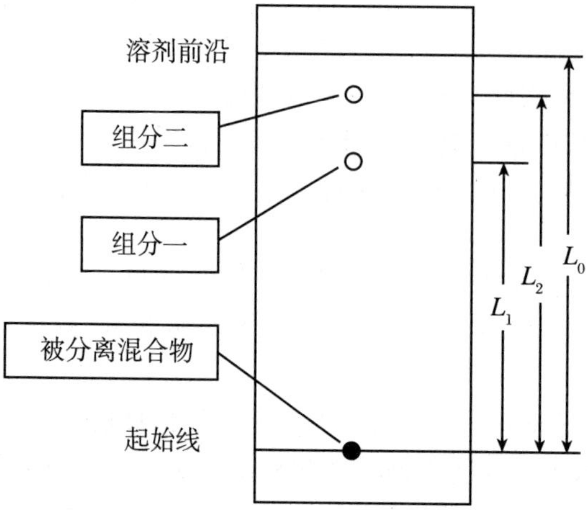

图 4.2　层析板分离组分示意图

1. 物理检出法

(1) 紫外光：一般来说，对于未知化合物，展开后在用显色剂以前，都应先在紫外灯下进行察看。紫外光常用 254 nm 与 365 nm 两种波。如果化合物能吸收紫外光同时放出荧光，可用此荧光定位。

(2) 碘：元素碘的最大特点是与物质的反应往往是可逆的，当化合物定位以后在空气中放置时，碘即升华挥发，可以回到组分的原来状态，有利于薄层的进一步处理。

(3) 水：水可作为一种非破坏性显色剂，用于硅胶薄层，当许多憎水性化合物展开后，用水喷薄层板，对光观察，在半透明的薄层板上，显出白色不透明的斑点。

2. 化学检出法

化学检出法是在薄层上使用一种或数种化学试剂与被检出物质反应，生成有颜色的化合物而定位。这种试剂叫显色剂。显色剂一般分为两类，即通用显色剂和专属性显色剂。

(1) 通用显色剂：① 浓硫酸或 50%的硫酸溶液：大多数有机物质，喷此种显色剂后立刻或在加热到 110～120 ℃并经数分钟后出现棕色到黑色斑点。② 酸碱指示剂溶液：例如，0.3%溴甲酚绿甲醇溶液，在绿色背景上显现黄色斑，表示是脂肪族羧酸。③ 常用的通用显色剂还有：5%磷钼酸乙醇、碱性高锰酸钾溶液、硝酸银-氢氧化铵试剂、荧光显色剂等。

(2) 专属性显色剂：指能使某一类或少数几类官能团或化合物显色的试剂。例如，喷 2% 2,4-二硝基苯肼乙醇溶液后，再 120 ℃加热 10 分钟，醛酮在黄橙色背景上显红色或橙色斑。

薄层色谱可用于监测反应进程、在已有对照样品的条件下鉴定化合物、测定物质的纯度等。薄层色谱的实例：① 分析神经酰胺与脂肪酸；② 检测在食物和水中的农药或杀虫剂；③ 在法医的工作中，分析纤维的染料成分；④ 化验放射性药物的放化纯度；⑤ 鉴定药用植物和它们的组成。

仪器与试剂

1. 仪器

氧化铝板；展开缸。

2. 试剂

亚甲基蓝；甲基橙；乙醇；去离子水。

亚甲基蓝能溶于水和乙醇，甲基橙不溶于醇但溶于水。两者的分子结构如图 4.3 所示。

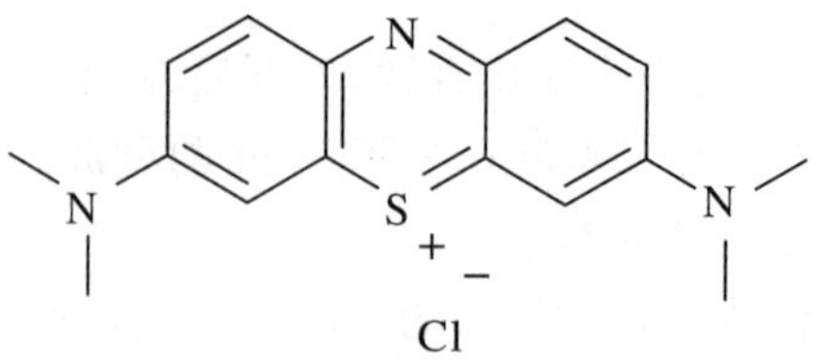

亚甲基蓝

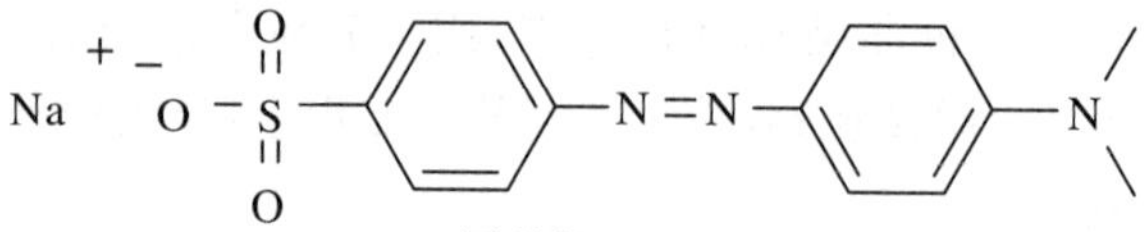

甲基橙

图 4.3 亚甲基蓝和甲基橙分子结构图

实验内容

1. 亚甲基蓝与甲基橙的分离

(1) 点样:用铅笔在距离薄层板底部 1.5 cm 处画一条直线,用点样毛细管吸取少量亚甲基蓝与甲基橙混合溶液在直线上点样若干次(次数根据样品浓度而定),并静置顷刻使溶剂完全蒸发。若溶剂难以挥发,则点样之后需要将板放于真空容器中干燥后再使用。溶剂的蒸发是必须的,否则残留的溶剂会与流动相作用,降低流动相的均一性,导致分离效果变差。

(2) 将少量合适的溶剂(流动相)倒于一个合适的玻璃器皿中(展开缸),让流动相高度不超过 1 cm,盖好盖子使溶剂蒸气在展开缸中饱和。可在展开缸底部放上一张滤纸,让滤纸底部浸没于溶剂中并靠在展开缸内壁,过几分钟后让洗脱溶剂蒸发并在展开缸空间内饱和。若不经过以上步骤可能会导致分离度的下降或使结果不具重复性。

(3) 将层析板置于展开缸内(样品点不可触碰溶剂表面),盖上盖子让溶剂通过毛细现象缓慢爬升。溶剂遇到样品混合点时,会带着样品上升(即洗脱样品)。当溶剂快到层析板顶端时,将板拿出,迅速记录溶剂到达的高度并晾干。不要让溶剂爬升到达板的顶部。

数据记录和处理

计算亚甲基蓝和甲基橙的 R_f值。

思考题

(1) 色谱法的基本原理是什么?
(2) 常用的三氧化二铝吸附剂分为几种?

第 5 章
基础综合实验

实验 14　离子交换法制备去离子水及水质检验

实验目的

(1) 了解离子交换法制备纯水的基本原理。
(2) 掌握水质检验的原理和方法。
(3) 学习电导率仪的使用。

实验原理

天然水的净化方法有蒸馏法、电渗析法、离子交换法等。离子交换法制备纯水是使自来水通过离子交换柱(内装离子交换树脂),除去杂质离子,达到净化的目的。

离子交换树脂是一种难溶性的高分子聚合物,对酸、碱及一般有机溶剂稳定。它具有网状骨架结构。在其骨架上含有许多可与溶液中的离子起交换作用的“活性基团”。根据树脂可交换活性基团的不同,可将离子交换树脂分为阳离子交换树脂和阴离子交换树脂。

1. 阳离子交换树脂

树脂中的活性基团可与溶液中的阳离子进行交换,如 $R—SO_3H$, R—COOH,R 表示树脂中网状结构的骨架部分。活性基团中含有 H^+,可与溶液中的阳离子交换的阳离子交换树脂,称为酸性阳离子交换树脂或 H 型阳离子交换树脂。按活性基团酸性强弱的不同,又分为强酸性、弱酸性离子交换树脂。例如,$R—SO_3H$ 为强酸性离子交换树脂(如国产“732”树脂);R—COOH 为弱酸性离子交换树脂(如国产“724”树脂)。

2. 阴离子交换树脂

树脂中的活性基团可与溶液中的阴离子进行交换,如 $R—NH_3^+OH^-$,$R—N^+OH^-(CH_3)_3$ 等,按活性基团碱性强弱的不同,又分为强碱性、弱碱性离子交换树脂。例如,$R—N^+OH^-(CH_3)_3$ 为强碱性离子交换树脂(如国产“717”树脂);$R—NH_3^+OH^-$ 为弱碱性离子交换树脂(如国产“701”树脂)。

当水流经过离子交换柱时，水中的 Na^+，Ca^{2+} 或 Cl^-，SO_4^{2-} 等离子与树脂上的活性基团中的 H^+ 或 OH^- 进行交换：

$$R—SO_3H + Na^+ \Longrightarrow R—SO_3Na + H^+$$

$$2R—SO_3H + Ca^{2+} \Longrightarrow (R—SO_3)_2Ca + 2H^+$$

$$R—N^+OH^-(CH_3)_3 + Cl^- \Longrightarrow R—N^+Cl^-(CH_3)_3 + OH^-$$

这样，经过离子交换柱后，交换出来的 H^+ 和 OH^- 发生中和反应，使水得到净化。

在离子交换树脂上进行的反应是可逆的，当用一定浓度的酸碱处理树脂时，无机离子便从树脂上解脱出来，使树脂得到再生。

仪器和试剂

1. 仪器

电导率仪；高位水槽（或自来水管）；滴定管夹；滴定台；碱式滴定管；止水夹；玻璃纤维；洗瓶；玻璃棒；T 形管；乳胶管；烧杯；锥形瓶；试管等。

2. 试剂

NaOH；钙试剂；镁试剂；HNO_3（2 mol/L）；$AgNO_3$（0.1 mol/L）；$BaCl_2$（1 mol/L）。

实验内容

1. 树脂的预处理

（1）阳离子交换树脂的预处理

用水将树脂冲至无色后，改用纯水浸泡 4～8 h，再用 5% HCl 浸泡 4 h。倾去 HCl 溶液，用纯水洗至 pH = 3～4。纯水浸泡备用。

（2）阴离子交换树脂的预处理

将树脂如同上法漂洗和浸泡后，用 5% NaOH 溶液浸泡 4 h。倾去 NaOH 溶液，用纯水洗至 pH = 8～9。纯水浸泡备用。

2. 装柱

在离子交换柱下端放入少量玻璃棉（防止树脂漏出），然后装入去离子水至交换柱的 1/3 高，排除柱下部和玻璃棉中的空气。将处理好的树脂与水一起分别加入 3 支交换柱（阳柱、阴柱、混合柱）中（见图 5.1），与此同时打开交换柱下端的夹子，让水缓慢流出（水流的速度不能太快，防止树脂露出水面），使树脂自然沉降。装柱时防止树脂层中夹有气泡。树脂高度不能超过柱高的 2/3，并保持水面高出树脂 2～3 cm。装柱完毕后，在树脂层上盖一层玻璃棉，以防加入溶液时把树脂冲起。

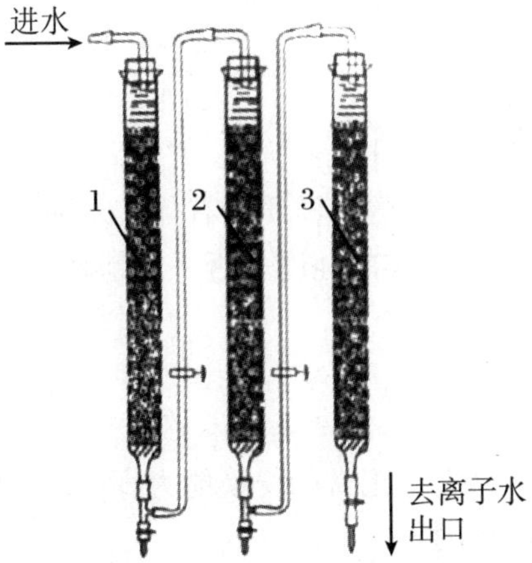

1. 阳离子交换柱　2. 阴离子交换柱　3. 混合离子交换柱

图 5.1　离子交换法制备去离子水示意图

3. 纯水的制备

将自来水通入交换柱，控制出水的流速为 4～6 mL/min。流出的水约 50 mL 后，截取流出的水做水质检验。

4. 水质的检验

分别用电导率仪和化学试剂对水质进行检验，并记录在表 5.1 中。

表 5.1　实验数据记录表

检验项目	检 出 方 法	样 品 水			
		自来水	阳离子柱	阴离子柱	混合柱
电导率	电导率(μS/cm)				
pH	pH 试纸				
Ca^{2+}	加入 1 滴 2 mol/L NaOH 和 1 滴钙指示剂，观察有无红色溶液生成				
Mg^{2+}	加入 1 滴 2 mol/L NaOH 和 1 滴镁指示剂，观察有无蓝色沉淀生成				
Cl^-	加入 1 滴 2 mol/L HNO_3 酸化和 1 滴 0.1 mol/L $AgNO_3$，观察有无白色沉淀生成				
SO_4^{2-}	加入 1 滴 1 mol/L $BaCl_2$，观察有无白色沉淀生成				

思考题

(1) 制备去离子水的原理是什么?

(2) 从各级交换柱底部承接的水样质量有什么差别?

(3) 水的电导率值越小,水样的纯度是否一定越高?

附注:树脂的再生

树脂使用一段时间后会失去正常的交换能力,可按如下方法进行再生。

1. 阴离子交换树脂的再生

用自来水漂洗树脂 2~3 次,倾出水后加入 5% NaOH 浸泡 20 min,再用适量 5% NaOH 洗涤 2~3 次,最后用纯水洗至流出液 pH=8~9。

2. 阳离子交换树脂的再生

用自来水漂洗树脂 2~3 次,倾出水后加入 5% HCl 浸泡 20 min,再用适量 5% HCl 洗涤 2~3 次,最后用纯水洗至检不出 Cl^-,流出液 pH≈6。

3. 混合交换树脂的再生

工业上首先利用阴阳树脂密度的不同,采用水流反洗对混合柱内树脂进行分层,再分别洗涤阴、阳离子交换树脂。

实验15　硫酸铜的制备及结晶水的测定

A　由粗氧化铜制备硫酸铜

实验目的

掌握硫酸铜的制备原理。

基本原理

五水硫酸铜俗名胆矾或蓝矾，溶于水和氨水，难溶于乙醇。用作纺织品的媒染剂、农业杀虫剂、水的杀菌剂等。本实验是以粗 CuO 为原料。粗 CuO 是由工业废铜、废电线及废铜合金高温焙烧而成的，混有不少杂质，主要是铁的氧化物，如 Fe_2O_3 及泥沙，因此制备过程一般需经过溶解粗制与精制结晶才能得到纯硫酸铜。

粗 CuO 通过酸溶可制得粗硫酸铜，主要反应为：

$$CuO + H_2SO_4 = CuSO_4 + H_2O$$

仪器和试剂

1. 仪器

台秤；布氏漏斗；吸滤瓶。

2. 试剂

CuO(s，工业级)；H_2SO_4(1 mol/L，3 mol/L)。

实验内容

(1) 称取 4 g 粗 CuO，放在小烧杯中，加入 17～18 mL 3 mol/L H_2SO_4，边加热边搅拌，用小火加热 5 min 后，加入 20 mL H_2O，继续加热 20 min，加热过程中要注意不断地补充水，使溶液体积保持在 50 mL 左右。趁热过滤，将滤液转入蒸发皿中，小火加热，蒸发浓缩至表面出现晶膜，冷却结晶，抽滤，将晶体吸干，称量。保存作精制用。

(2) 记录粗制 $CuSO_4 \cdot 5H_2O$ 的质量并计算产率。

注意事项：

CuO 中杂质粒子比较细，抽滤时，可用双层滤纸。

思考题

(1) 设计一实验，由 Cu 制备 $CuSO_4 \cdot 5H_2O$，要求收率高、纯度高、三废少。

(2) 为了提高产品 $CuSO_4 \cdot 5H_2O$ 的质量和产率，在整个工艺过程中应当注意哪些环节？

B　硫酸铜的提纯

实验目的

了解无机物提纯的方法。

基本原理

粗制的硫酸铜中含有可溶性杂质 Fe^{2+} 和 Fe^{3+} 等，必须通过精制。精制的方法是：用氧化剂 H_2O_2，将 Fe^{2+} 氧化成 Fe^{3+}，然后调节溶液的 pH 至 3.5～4.0，使 Fe^{3+} 水解成为 $Fe(OH)_3$ 沉淀而除去。反应如下：

$$2Fe^{2+} + H_2O_2 + 2H^+ \longrightarrow 2Fe^{3+} + 2H_2O$$

$$Fe^{3+} + 3H_2O \longrightarrow Fe(OH)_3 \downarrow + 3H^+$$

除去铁离子后的滤液经蒸发浓缩，即可制得五水硫酸铜晶体。其他微量杂质在硫酸铜结晶时，留在母液中而除去。

仪器和试剂

1. 仪器

台秤；布氏漏斗；吸滤瓶；比色管(25 mL)。

2. 试剂

H_2SO_4(1 mol/L，3 mol/L)；HCl(2 mol/L)；$NH_3 \cdot H_2O$(2 mol/L，6 mol/L)；

KSCN(1 mol/L);H_2O_2(3%)。

实验内容

1. 精制硫酸铜

在粗硫酸铜中加入 40 mL 去离子水,加热溶解,冷却,滴加 3 mL 3% H_2O_2,同时在不断搅拌下滴加 2 mol/L $NH_3 \cdot H_2O$,至溶液的 pH 为 3.5～4.0,再加热 10 min,趁热抽滤,滤液转入蒸发皿中,用 1 mol/L H_2SO_4 酸化,调节 pH 至 1～2,然后加热,蒸发浓缩至表面出现晶膜为止。冷却结晶,抽滤,即可得到精制 $CuSO_4 \cdot 5H_2O$。

注意事项:

(1) 滴加 H_2O_2 时,必须先将溶液冷却至室温,因为 H_2O_2 受热易分解。多余的 H_2O_2,可通过加热除去。

(2) $CuSO_4$ 在弱酸性条件下易水解生成 $Cu_2(OH)_2SO_4$,使产品呈现绿色,因此蒸发时要严格控制溶液的 pH。

2. 硫酸铜纯度的检定

称取 1 g 精制的硫酸铜晶体,用 10 mL 去离子水溶解,加入 1 mol/L H_2SO_4 酸化,然后加入 2 mL 3% H_2O_2,煮沸片刻,待溶液冷却后,在搅拌下逐滴加入 6 mol/L $NH_3 \cdot H_2O$,直至最初生成的浅蓝色沉淀完全溶解,溶液呈深蓝色为止,此时 Fe^{3+} 生成 $Fe(OH)_3$ 沉淀,而 Cu^{2+} 则成为配离子 $[Cu(NH_3)_4]^{2+}$:

$$Fe^{3+} + 3NH_3 \cdot H_2O = Fe(OH)_3 \downarrow + 3NH_4^+$$

$$2Cu^{2+} + SO_4^{2-} + 2NH_3 \cdot H_2O = \underset{\text{浅蓝色}}{Cu_2(OH)_2SO_4 \downarrow} + 2NH_4^+$$

$$Cu_2(OH)_2SO_4 \downarrow + 2NH_4^+ + 6NH_3 \cdot H_2O = \underset{\text{深蓝色}}{2[Cu(NH_3)_4]^{2+}} + SO_4^{2-} + 8H_2O$$

常压过滤,并用 6 mol/L $NH_3 \cdot H_2O$ 洗涤滤纸,直至蓝色洗去为止,此时黄色 $Fe(OH)_3$ 沉淀留在滤纸上。用滴管将 3 mL 2 mol/L HCl 滴在滤纸上,以溶解 $Fe(OH)_3$ 沉淀。将滤液接入 25 mL 比色管中,滴入 2 滴 1 mol/L KSCN,再加去离子水至 25 mL,摇匀,观察溶液的颜色。

$$Fe^{3+} + nSCN^- = \underset{\text{血红色}}{Fe(SCN)_n^{3-n}} \quad (n = 1 \sim 6)$$

用目视比色法与 Fe^{3+} 的标准溶液进行比较,评定产品的级别。

Fe^{3+} 标准溶液的配制:依次量取 Fe^{3+} 含量为 0.01 mg/mL 的溶液 0.50 mL,1.00 mL,2.00 mL 分别置于三个 25 mL 比色管中,并各加入 1.0 mL 3 mol/L H_2SO_4 和 2 滴 1 mol/L KSCN,最后用去离子水稀释至刻度,摇匀,配成如表 5.2 所示的不同等级 $CuSO_4 \cdot 5H_2O$ 的标准溶液。

表 5.2

规格	Ⅰ级	Ⅱ级	Ⅲ级
Fe^{3+} 含量(mg)	0.005	0.01	0.02

数据记录和处理

(1) 记录精制 $CuSO_4 \cdot 5H_2O$ 的质量，并计算产率。
(2) 确定产品的级别。

思考题

(1) 粗硫酸铜中杂质 Fe^{2+} 为什么要氧化为 Fe^{3+} 后再除去？而除 Fe^{3+} 时，为什么要调节溶液的 pH 为 3.5～4.0？pH 太大或太小有什么影响？

(2) $KMnO_4$、$K_2Cr_2O_7$、Br_2、H_2O_2 都可氧化 Fe^{2+}，试分析选用哪一种氧化剂较为合适，为什么？

(3) 为什么常选用稀酸、稀碱，而不用浓酸、浓碱调节溶液的 pH？除酸碱外，还可选用哪些物质来调节溶液的 pH？选用的原则是什么？

C　硫酸铜中结晶水的测定

实验目的

了解重量法测结晶水的方法。

基本原理

硫酸铜晶体中含有结晶水，在空气中缓慢风化，将其加热至 230 ℃，可失去全部结晶水而成为白色的无水硫酸铜，根据加热前后的质量变化，可求得硫酸铜晶体中结晶水的含量。

仪器和试剂

1. 仪器

分析天平；瓷坩埚；干燥器。

2. 试剂

$CuSO_4 \cdot 5H_2O$(自制)。

实验内容

在分析天平上精确称取干燥洁净并已恒重的瓷坩埚的质量(m_1)。然后向瓷坩埚中加入约2 g自制的精制硫酸铜晶体,再准确称量(m_2),记录数据。将盛有硫酸铜晶体的瓷坩埚置于石棉网上加热,注意防止晶体溅出,直到硫酸铜晶体的蓝色全部转变为白色,且不再逸出水蒸气为止。将瓷坩埚放入干燥器中冷却。待瓷坩埚在干燥器中冷却至室温后,在分析天平上精确称量,并记录数据。将盛有无水硫酸铜的瓷坩埚再加热,仍放在干燥器中冷却后再称量,直至恒重(两次称量之差≤1 mg),记录数据(m_3)。

根据加热前后的质量变化即可求得硫酸铜中结晶水的含量。

数据记录与处理

(1) 数据记录。相关数据记录见表5.3。

表5.3

瓷坩埚的质量 m_1(g)		
瓷坩埚+硫酸铜的质量	加热前质量 m_2(g)	
	加热后质量 m_3(g)	
无水硫酸铜的质量(m_3-m_1)(g)		
加热后结晶水的质量(m_2-m_3)(g)		

(2) 根据实验所得的数据计算1 mol $CuSO_4$晶体中所结合的结晶水的数目(取整数值),确定水合硫酸铜的化学式。

思考题

若硫酸铜晶体未干燥或加热脱水后的硫酸铜没有放在干燥器中冷却,则分别对测定硫酸铜结晶水含量的准确性有何影响?

实验 16 三草酸合铁(Ⅲ)酸钾的合成及电荷数的测定

A 三草酸合铁(Ⅲ)酸钾的合成

实验目的

掌握三草酸合铁(Ⅲ)酸钾的制备原理。

基本原理

三草酸合铁(Ⅲ)酸钾($K_3[Fe(C_2O_4)_3]\cdot 3H_2O$)是翠绿色晶体,溶于水而难溶于乙醇,是制备负载型活性铁催化剂的主要原料。本实验是以 Fe(Ⅱ)盐为原料通过沉淀、氧化还原、配位反应多步转化,最后制得 $K_3[Fe(C_2O_4)_3]\cdot 3H_2O$,主要反应为:

$$FeSO_4 + H_2C_2O_4 + 2H_2O = FeC_2O_4\cdot 2H_2O + H_2SO_4$$

$$6FeC_2O_4\cdot 2H_2O + 3H_2O_2 + 6K_2C_2O_4 = 4K_3[Fe(C_2O_4)_3] + 2Fe(OH)_3 + 12H_2O$$

$$2Fe(OH)_3 + 3H_2C_2O_4 + 3K_2C_2O_4 = 2K_3[Fe(C_2O_4)_3] + 6H_2O$$

溶液中加入乙醇后,便析出三草酸合铁(Ⅲ)酸钾晶体。

仪器和试剂

1. 仪器

台秤;布氏漏斗;吸滤瓶;干燥器;称量瓶。

2. 试剂

$FeSO_4\cdot 7H_2O$(s);H_2SO_4(3 mol/L);$H_2C_2O_4$(1 mol/L);$K_2C_2O_4$(饱和);H_2O_2(3%);乙醇(95%)。

实验内容

(1) 称取 4 g $FeSO_4 \cdot 7H_2O$ 晶体于烧杯中，加入 15 mL 去离子水和数滴 3 mol/L H_2SO_4酸化，加热使其溶解，然后加入 20 mL 1 mol/L $H_2C_2O_4$，加热煮沸，且不断进行搅拌，使形成 $FeC_2O_4 \cdot 2H_2O$ 沉淀，用倾析法洗涤沉淀三次。

(2) 在盛有黄色 $FeC_2O_4 \cdot 2H_2O$ 沉淀的烧杯中，加入 10 mL 饱和 $K_2C_2O_4$溶液，加热至 40 ℃左右，慢慢滴加 20 mL 3% H_2O_2，并不断搅拌。此时沉淀转化为黄褐色，将溶液加热至沸腾以去除过量的 H_2O_2。保持上述沉淀近沸状态，分两次加入 8～9 mL 1 mol/L $H_2C_2O_4$，第一次加入 5 mL，然后趁热滴加剩余的 $H_2C_2O_4$ 使沉淀溶解，控制溶液的 pH 为 3.5，此时溶液呈翠绿色(为什么要分两次加?)，加热浓缩至溶液体积为 25～30 mL，冷却，即有翠绿色 $K_3[Fe(C_2O_4)_3] \cdot 3H_2O$ 晶体析出。抽滤，称量，计算产率，并将产物置于称量瓶中，放入干燥器内避光保存。

若 $K_3[Fe(C_2O_4)_3]$溶液未达饱和，冷却时不析出晶体，可以继续加热浓缩或加 95%乙醇 5 mL，即可析出晶体。

注意事项：

(1) 制得的 $FeC_2O_4 \cdot 2H_2O$ 沉淀要加热至沸并进行搅拌，其目的是使 $FeC_2O_4 \cdot 2H_2O$ 颗粒变大，容易沉降。

(2) 用倾析法洗涤 $FeC_2O_4 \cdot 2H_2O$ 沉淀，每次用水不宜太多(约 20 mL)，至沉淀沉降后，再将上层清液弃去，尽量减少沉淀的损失。

数据记录和处理

记录产品三草酸合铁(Ⅲ)酸钾的质量，计算产率并评价其表观质量。

思考题

(1) 如何提高产率? 能否用蒸干溶液的方法来提高产率?

(2) 在实验中加入乙醇的作用是什么?

B　三草酸合铁(Ⅲ)酸钾配离子电荷数的测定

实验目的

(1) 了解离子电荷数测定的方法。

（2）了解离子选择性电极的使用方法。

基本原理

本实验用离子交换法测定配阴离子的电荷数，所用的是氯型阴离子交换树脂（以 $B_4N^+Cl^-$ 表示），它的网状结构上的 Cl^- 可与溶液中其他阴离子发生交换。将一定量的三草酸合铁（Ⅲ）酸钾晶体溶于水，使溶液通过氯型阴离子交换树脂，使三草酸合铁（Ⅲ）酸钾中的配阴离子 X^{z-} 与阴离子树脂上的 Cl^- 进行交换：

$$zB_4N^+Cl^- + X^{z-} \rightleftharpoons (B_4N^+)_z X^{z-} + zCl^-$$

收集交换出来的含 Cl^- 试液。以氯离子选择性电极为指示电极、双液接甘汞电极为参比电极，插入试液中组成工作电池，测定 Cl^- 的含量，即可确定配阴离子的电荷数 z：

$$z = \frac{Cl^- \text{物质的量}}{\text{配合物的物质的量}}$$

仪器和试剂

1．仪器

分析天平；pHS-3C 型酸度计；电磁搅拌器；离子交换柱（φ10～12 mm，长 25～30 cm玻璃管）；氯离子选择性电极；双液接甘汞电极（内盐桥为饱和 KCl 溶液；外盐桥为 0.1 mol/L KNO_3溶液）；移液管（10 mL）；吸量管（10 mL）；容量瓶（100 mL）。

2．试剂

NaCl（1 mol/L）；氯标准溶液（1 mol/L）；强碱性阴离子交换树脂。离子强度调节缓冲液（TISAB）：将 1 mol/L $NaNO_3$溶液滴加 HNO_3，调节到 pH 为 2～3。

实验内容

1．离子交换

（1）装柱：在交换柱底部填入少量玻璃棉，将 8 mL 左右的氯型阴离子交换树脂和适量水的“糊状”物注入交换柱内，用塑料通条赶尽树脂间的气泡。并保持液面略高于树脂层，防止树脂间产生气泡。

（2）洗涤：用去离子水淋洗树脂，直至流出液中不含 Cl^- 为止，用螺旋夹紧交换柱的出口管。在洗涤过程中，注意始终保持液面略高于树脂层。

（3）交换：准确称取 0.5 g $K_3[Fe(C_2O_4)_3] \cdot 3H_2O$ 于小烧杯中，加入 10～15 mL去离子水溶解，将溶液转入交换柱中，松开螺旋夹，控制 1 mL/min 的速度流出，用 100 mL 容量瓶收集流出液。当液面下降到略高于树脂层时，用少量去离子水(约 5 mL)洗涤小烧杯,并转入交换柱,如此重复 2~3 次,然后用去离子水继续洗涤,流速可逐渐适当加快。待收集的溶液达 60~70 mL 时,即可检验流出液,直至不含 Cl^- 为止(与洗涤树脂时比较),夹紧螺旋夹。用去离子水稀释至容量瓶刻度,摇匀。

(4) 再生:用 20 mL 1 mol/L NaCl 溶液以 1 mL/min 的流速淋洗交换树脂,直至流出液酸化后检不出 Fe^{3+}。

注意事项:

(1) 溶解试样的水应控制在 10~15 mL,否则影响交换效果。转入柱内时,留在柱内的水尽量要少(略高出树脂)。

(2) 在交换前,应调节好流速为 1 mL/min,可以滴数控制。

(3) 试样必须定量转入柱内,交换后的洗涤要待试样液面略高出树脂时才可进行。

2. 用氯离子选择性电极测定氯离子浓度

离子选择性电极是一种电化学传感器,它将溶液特定离子的活度转换成相应的电位。氯离子选择性电极是用于测定溶液 Cl^- 的离子选择性电极。用氯离子选择性电极为指示电极、双液接甘汞电极为参比电极,插入试液中组成工作电池。当氯离子活度在 $1\sim10^{-4}$范围内,在一定条件下,电池的电动势 E 与溶液中氯离子活度 α_{Cl^-} 的对数值成线性关系:

$$E = K - \frac{2.303RT}{nF}\lg \alpha_{Cl^-}$$

分析工作中需测定的往往是离子的浓度(c_{Cl^-}),根据 $\alpha_{Cl^-} = \gamma_{Cl^-} \cdot c_{Cl^-}/c^\ominus$ 的关系,可在标准溶液和被测溶液中加入总离子强度调节缓冲液(TISAB),使溶液的离子强度固定,从而使活度系数 γ_{Cl^-} 为一常数,可并入 K 项以 K_1 表示,则上式变为

$$E = K_1 - \frac{2.303RT}{nF}\lg(c_{Cl^-}/c^\ominus)$$

即电池电动势与被测离子浓度的对数值成线性关系。

一般地,离子选择性电极都有其特定的 pH 使用范围,本实验所用的 pCl-1 型氯离子选择性电极的最佳使用范围是 pH 为 2~10。此 pH 范围可由加入的 TISAB 来控制。

(1) 氯标准溶液系列的配制

吸取 1.00 mol/L 氯标准溶液 10 mL,置于 100 mL 容量瓶中,加入 TISAB 10.0 mL,用去离子水稀释至刻度,摇匀,得 $pCl_1 = 1$。吸取 $pCl_1 = 1$ 的溶液10 mL,置于 100 mL 容量瓶中,加入 TISAB 9.0 mL,用去离子水稀释至刻度,摇匀,得 $pCl_2 = 2$。用同样方法依次配制 $pCl_3 = 3$,$pCl_4 = 4$ 等的溶液。

(2) 标准曲线的绘制

① 电极的准备。用去离子水反复清洗氯离子选择性电极,至空白电位值达

−240 mV以上以缩短电极响应时间。更换双液接甘汞电极外管中的KNO_3溶液。

② 将仪器的“选择”开关置于 mV 挡。

③ 将氯标准溶液系列转入小烧杯中，将准备好的氯离子选择性电极和双液接甘汞电极置于被测溶液中，加入搅拌子，在酸度计上由稀到浓测定各标准溶液的电位(mV)。

(3) 试液中氯含量的测定

准确吸取离子交换后的试液 10 mL，移入 100 mL 容量瓶中，加入 10 mL TISAB 溶液，加去离子水稀释至刻度，摇匀。按标准溶液的测定步骤测定其电位 E_x。

数据记录和处理

(1) 将数据填入表 5.4 中。

表 5.4 实验数据记录表

pCl	1	2	3	4	试液
E(mV)					

以电位值 E 为纵坐标，pCl 为横坐标，绘制标准曲线，并在标准曲线上找出与 E_x值相应的 pCl，求出离子交换后的试液中 Cl^- 物质的量。

(2) 配阴离子电荷 z 的计算。

$K_3[Fe(C_2O_4)_3]\cdot 3H_2O$ 的质量为________g，配合物的物质的量为________mol，交换出 Cl^- 物质的量为________mol，z 为________。

思考题

(1) 结合标准曲线，试分析 $K_3[Fe(C_2O_4)_3]\cdot 3H_2O$ 的称量范围是如何确定的？

(2) 离子交换中，为什么必须控制流出液的流速？过快或过慢有何影响？

(3) 在测定 Cl^- 浓度中，为什么要用双液接甘汞电极作参比电极而不用一般甘汞电极？

(4) 影响 z 值偏大、偏小的因素有哪些？$K_3[Fe(C_2O_4)_3]\cdot 3H_2O$ 未经干燥，见光分解或含杂质 $H_2C_2O_4$ 或 $K_2C_2O_4$，对 z 值的测定有何影响？

实验17　可逆热致变色物质四氯合铜双二乙基铵盐的制备及性质测定

实验目的

(1) 了解可逆热致变色材料的种类及应用。

(2) 掌握可逆热致变色材料的制备方法。

(3) 学习热致变色机理及影响因素。

(4) 学习计算软件在设计合成实验中的应用。

实验原理

热致变色材料指的是在高于或低于某个特定温度区间内发生颜色变化的材料。这类材料初期主要用作示温材料，20世纪80年代起，温致变色材料广泛应用于能源化工、航空航天、纺织、印刷、防伪等多个领域，如超温报警涂料、温致变色油墨、传真纸等材料。

不同温致变色材料的变色机理也不尽相同，其中无机类温致变色材料一般与晶体结构、配合物类型的变化有关；有机类温致变色材料多由其异构化现象所引起。无机温致变色材料大多数为过渡金属的碘化物、氧化物、配合物及复盐等。

本实验的温致变色材料为Cu的配合物四氯合铜双二乙基铵盐 $[(CH_3CH_2)_2NH_2]_2CuCl_4$，在室温下为亮绿色，当温度升高，则变为黄褐色。其原理为：在室温下，4个 Cl^- 位于 Cu^{2+} 的四周，形成平面四边形结构，而二乙基铵离子则位于 $[CuCl_4]^{2-}$ 配离子的外围；随着温度的逐渐升高，分子内振动加剧，使得N—H…Cl的氢键发生改变，其结构就由扭曲的平面四边形转变为扭曲的四面体结构。颜色也就由亮绿色转变为黄褐色。四氯合铜双二乙基铵盐在不同温度下的几何结构变化如图5.2所示。

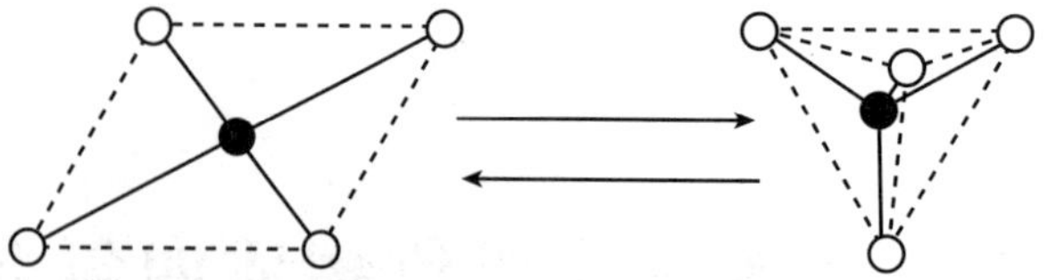

图 5.2 四氯合铜双二乙基铵盐几何结构变化

仪器和试剂

1. 仪器

锥形瓶(50 mL,带塞);量筒(10 mL,25 mL);布氏漏斗;抽滤瓶;温度计;循环水泵;加热套;水浴。

2. 试剂

盐酸二乙胺($(CH_3CH_2)_2NH_2Cl$);无水氯化铜(s);异丙醇;无水乙醇;3A 分子筛;凡士林。

四、实验内容

1. 四氯合铜双二乙基铵盐的制备

称取 3.2 g 盐酸二乙胺,溶于装有 15 mL 异丙醇的 50 mL 锥形瓶中。另称取 1.7 g 无水氯化铜于另一个 50 mL 锥形瓶,加入 3.0 mL 无水乙醇,微热使其全部溶解。将两个锥形瓶内的溶液混合,加入 3 粒活化的 3A 分子筛,促进晶体的形成。将锥形瓶置于冰水中冷却,析出亮绿色针状结晶,迅速抽滤,并用少量异丙醇洗涤沉淀,将产品四氯合铜双二乙基铵盐放入干燥器中晾干保存。

制备过程中的注意事项如下:

(1) 本实验所制备的配合物遇水易分解,所用器皿均应干燥无水。

(2) 加热溶解时勿用水溶,以防水蒸气进入反应溶液,进而影响产品结晶。

(3) 在冰水中冷却结晶时,应用塞子将锥形瓶口塞住,以防水蒸气进入。

(4) 四氯合铜双二乙基铵盐极易吸潮自溶,因此抽滤动作要迅速,并尽量在干燥条件下进行。

2. 温致变色性能测试

取少量样品装入小试管中并将温度计置于试管中,置于水浴中缓慢加热,当温度升至 40~55 ℃区间时,注意观察样品颜色变化并记录变色时的温度。再从热水中取出毛细管在室温中冷却,观察样品颜色随温度下降的变化,并记录颜色变化时的温度,如表 5.5 所示。

表 5.5

相关过程	颜色变化	变色温度(℃)
升温过程		
降温过程		

(1) 利用 ChemOffice 软件计算四氯合铜双二乙基铵盐的红外和紫外可见光谱图。

(2) 对材料进行红外和紫外可见光谱表征,并分析实际表征结果与计算结果的异同。

思考题

(1) 为什么样品要在干燥器内晾干而不是用烘箱烘干?

(2) 测定变色温度时,有哪些因素会影响测定的准确性,如何减少影响?

(3) 查阅资料,简述温致变色的基本原理。

实验 18 荧光防伪材料的制备

实验目的

(1) 学习稀土有机配合物的制备方法。

(2) 了解稀土配合物的发光原理。

(3) 增强防伪意识,了解化学防伪的原理。

实验原理

随着我国经济的发展,人民生活水平有了极大的提高,但伪劣商品的出现也给人们带来了不少困扰。因此,防伪、识伪日益受到人们的普遍重视,已成为各厂家、商家及消费者保护自身利益的重要手段。化学防伪是近年发展起来的新技术,具有制造简单、识别方便、成本较低、保密性好、可靠性高等优点。所谓化学防伪,是在热、光或磁等条件下,利用物质化学反应和物理变化而产生光、色等改变,进行识别真伪的方法。比如,可利用光致发光的荧光材料在一定波长的紫外光照射下发射出荧光,从而达到识别真伪的目的。

稀土元素的原子具有未充满的受到外层屏蔽的4f 5d电子组态,因此具有丰富的电子能级和长寿命激发态,能级跃迁通道多达20余万个,可以产生多种多样的辐射吸收和发射,制成用途广泛的发光和激光材料。

本实验是以稀土离子Eu^{3+}与乙酰丙酮(acac)及邻菲罗啉(phen)合成三元配合物,在紫外灯下可以显现明亮鲜艳的红色荧光。配合反应如下:

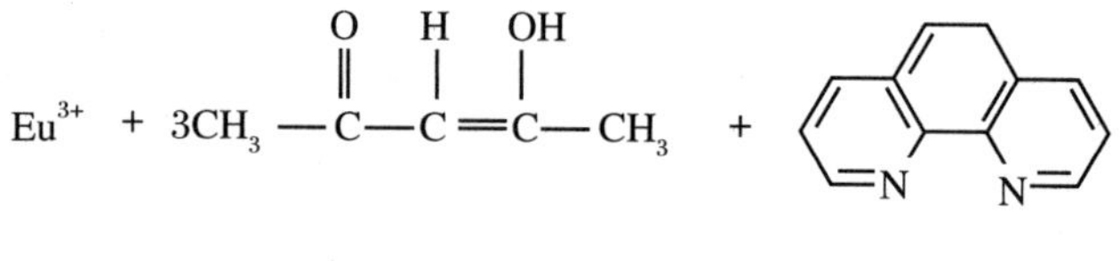

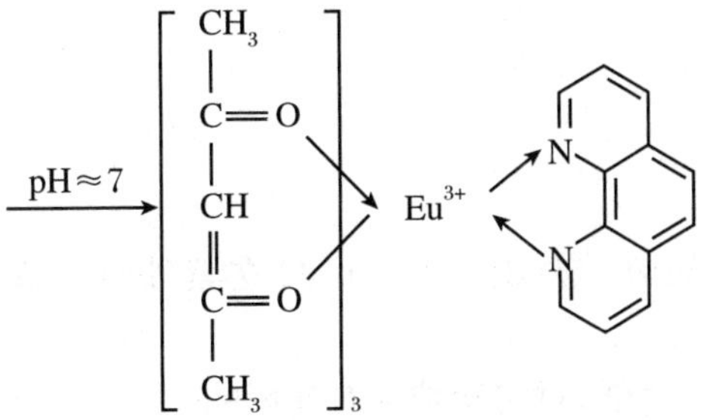

仪器和试剂

1. 仪器

1365 mm 紫外灯；电磁加热搅拌器；温度计（0～100 ℃）；真空泵；抽滤瓶；布氏漏斗；锥形瓶；烧杯（100 mL）。

2. 试剂

$EuCl_3$溶液（0.5 mol/L）；乙酰丙酮；邻菲罗啉；乙醇（95%）；NaOH 溶液（2 mol/L，6 mol/L）；HCl 溶液（2 mol/L，6 mol/L）；pH 试纸。

实验内容

（1）分别取少许 $EuCl_3$溶液、乙酰丙酮（用玻璃棒蘸取于滤纸上，待稍干）和邻菲罗啉，在紫外灯下观察有无荧光。

（2）用锥形瓶将 6 mmol 的乙酰丙酮溶于 30 mL 95% 乙醇中，调节 pH 约为 8。

（3）在电磁搅拌下，将 2 mmol $EuCl_3$（pH≈4）缓慢地逐滴加入上述乙酰丙酮溶液，随时注意调节 pH 约为 7，温度保持在 45 ℃左右。滴加完毕，再反应 0.5 h。用滤纸蘸取反应混合物，待稍干，置于紫外灯下观察。与步骤（1）的现象对比，说明原因。

（4）取 2 mmol 邻菲罗啉，溶于 20 mL 95% 乙醇中，在不断搅拌下，缓慢地逐滴加入上述反应混合物，加完后，再反应 0.5 h。反应过程中保持 pH 约为 7，温度在 45 ℃左右。用滤纸蘸取反应混合物，待稍干，置于紫外灯下观察。与步骤（1）的现象对比，并解释现象。

（5）将以上的反应液蒸发掉 1/2 体积的溶剂（乙醇），待反应混合物冷却至室温，过滤，将固体用滤纸吸干，于 50 ℃烘箱中干燥 20 min 后称重，计算产率。并再次在紫外灯下观察所得产品。

（6）用 ChemOffice 软件计算该配合物的红外和紫外谱图。

（7）对所制备的化合物进行红外和紫外表征，并分析实际表征结果与计算结果的异同。

思考题

(1) 对比实验步骤(1)与(3),(1)与(4)在紫外灯下观察到的现象,并加以解释。

(2) 若 pH 过高或过低,对实验结果有何影响?

实验 19　席夫碱铜配合物的合成与表征

实验目的

(1) 了解金属配合物的实际应用。
(2) 掌握席夫碱合成的基本原理。
(3) 掌握金属配合物的合成及提纯方法。
(4) 掌握有机金属配合物的表征方法。
(5) 学习计算软件在设计合成实验中的应用。

实验原理

金属配合物在现代化学、药物、生物学、功能材料上都有重要的应用。席夫碱金属铜配合物是抗菌、抗癌等一类重要的化合物，其制备方法是先在乙醇、丙酮等溶剂中制得一种席夫碱，然后利用席夫碱的氮、氧等作为配位原子与过渡金属离子配位形成配合物，其基本的合成路线如下：

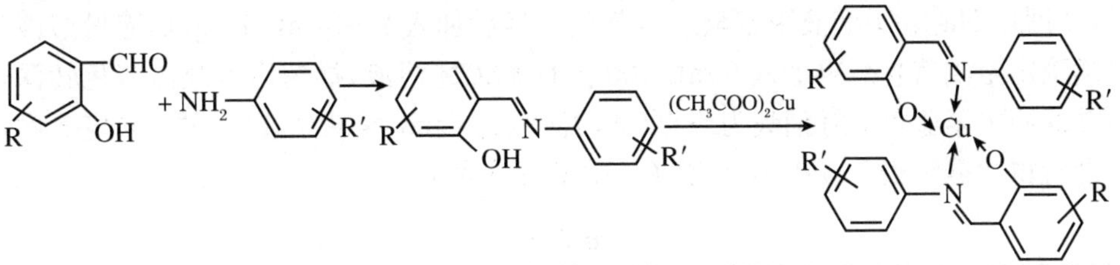

仪器和试剂

1. 仪器

365 mm 紫外灯；加热搅拌器；真空泵；抽滤瓶；布氏漏斗；烧瓶(100 mL)；烧杯(100 mL)。

2. 试剂

水杨醛；对氯苯胺；乙醇；醋酸铜；冰醋酸。

实验内容

1. $Cu(CH_3COO)_2 \cdot H_2O$ 的制备

取 5 g 硫酸铜，加热溶解于 50 mL 水中。取 2.3 g 无水碳酸钠，溶于 25 mL 水中。将硫酸铜溶液缓慢加入碳酸钠溶液中。将生成的固体减压过滤，用去离子水清洗固体 2 次，并抽干。将固体放入烧杯，加入 7.5 mL 冰醋酸。待浅蓝色碱式碳酸铜完全反应生成蓝绿色醋酸铜，减压过滤，用少量去离子水洗涤晶体 1～2 次，用少量乙醇洗涤晶体 2 次。用滤纸吸干固体表面水分，在烘箱中 80 ℃下烘干10 min 后称量，并计算产率。

2. 席夫碱铜配合物的合成

(1) 向干燥的 100 mL 烧瓶中加入 10 mmol 水杨醛、20 mL 无水乙醇和 10 mmol 4-氯苯胺，8～10 滴冰醋酸，在磁力搅拌的作用下空气浴加热(100 ℃)冷凝回流 15 min 后，冷却、结晶、减压过滤(用少量乙醇洗涤 1～2 次)，得到黄色席夫碱固体产品，称量，并计算产率。

(2) 称取 8 mmol 席夫碱配体与 4 mmol 醋酸铜放入 100 mL 烧瓶中，加入 16 mL 的无水乙醇，在磁力搅拌的作用下空气浴加热(100℃)冷凝回流 0.5 h，冷却，结晶，减压过滤(用少量乙醇洗涤 1～2 次)，得到棕色固体产品。在烘箱中 80 ℃ 下烘干 10 min 后称量，并计算产率。

3. $Cu(CH_3COO)_2 \cdot H_2O$ 中 Cu 含量的测定

精确称取以上合成的 $Cu(CH_3COO)_2 \cdot H_2O$ 样品 0.2～0.3 g 于 250 mL 锥形瓶中，加入 3 mL 1 mol/L H_2SO_4溶液和 30 mL 水，溶解样品。加入 0.7 g KI 摇匀后，立即用 $Na_2S_2O_3$溶液滴定至呈淡黄色。然后加入 2～3 mL 10 g/L 淀粉溶液，继续滴定至浅蓝色。再加入 5 mL 100 g/L KSCN 溶液，摇匀后溶液由蓝色转深，再继续滴定至蓝色恰好消失为终点(此时溶液为 CuSCN 悬浮液)。平行滴定 3 次，记录所得数据于表 5.6 中，并计算 Cu 质量百分含量。

表 5.6

项　　目	Ⅰ	Ⅱ	Ⅲ
$m_{Cu(CH_3COO)_2 \cdot H_2O}$(g)			
$V_{Na_2S_2O_3,始}$(mL)			
$V_{Na_2S_2O_3,末}$(mL)			
$V_{Na_2S_2O_3}$(mL)			
$m_{Cu^{2+}}$(g)			
$w_{Cu^{2+}}$(%)			

续表

项　　目	Ⅰ	Ⅱ	Ⅲ
$\bar{w}_{Cu^{2+}}$（%）			
相对平均偏差(%)			
铜质量百分含量计算公式			
相对平均偏差计算公式			

4. 席夫碱铜配合物表征

称取一部分席夫碱和席夫碱铜配合物，测定其密度和摩尔折射率，并对所制化合物用元素分析、红外、紫外可见、质谱等进行表征，分析配体与配合物红外、紫外可见谱图的差别。

5. 理论计算

用 ChemSketch 软件计算所需要合成的目标席夫碱的密度、摩尔折射率、介电常数和极性；用 ChemOffice 软件计算席夫碱及其金属铜配合物的红外和紫外可见光谱图，并分析实际表征结果与计算结果的异同。

第6章
创新综合实验

实验20 ChemSketch 搭建化合物结构并预测其宏观性质[①]

实验原理

ACD/ChemSketch 是由高级化学发展有限公司(ACD)设计的,为化学画图用软件包,该软件包可单独使用或与其他软件共同使用。ChemSketch 可用于绘制化学结构、反应式和图形(图 6.1),也可用于设计与化学相关的报告和演讲材料。软件的主要功能有各种化学结构绘制、文本和图形处理、分子性质估算。其中分子性质估算包含分子的标准分子量、平均分子质量、等张比容、折射率、表面张力、密度、百分组成、单一同位素质量、摩尔折射率、摩尔体积、介电常数、极性等性质的估算。

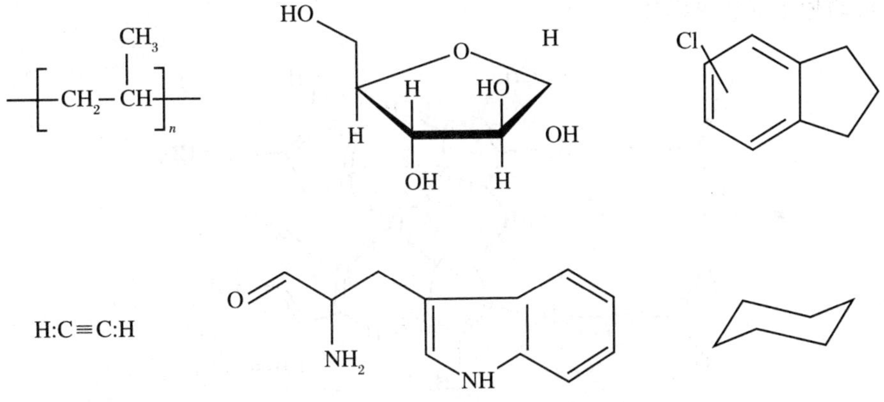

图 6.1 几种典型的分子结构

ChemSketch 软件有结构模式(Structure)和绘图模式(Draw)两种。其中在结构模式下可以绘制各种分子结构式、反应式,以及对结构式进行各种操作,如命名、预测性质等。在绘图模式(Draw)下可以进行复杂的图形编辑,为分子结构增加图形和注释,以构成一份完整的报告。ChemSketch 有免费版和商业版。免费版也能满足一般学生的学习需求,软件下载地址为:https://www.acdlabs.com。

① 本实验由程平博士提供。

仪器和试剂

1. 仪器

计算机;ChemSketch 软件。

2. 试剂

无。

实验内容

(1) ChemSketch 软件的下载、安装、启动、新建文件,以及文件的保存等基本操作。

(2) 简单分子结构的绘制。

(3) ChemSketch 在结构模式工具栏中提供了三种基本的分子结构绘制工具(图 6.2):标准画图工具(Draw Normal)、连续画图工具(Draw Continuous)和分子链画图工具(Draw Chains),熟练使用这三种绘图工具及模板,绘制简单的分子结构。

(4) 编辑结构:双键、三键、立体键、配位键和非定义化学键的绘制,原子的替代,编辑原子标签等操作的练习。

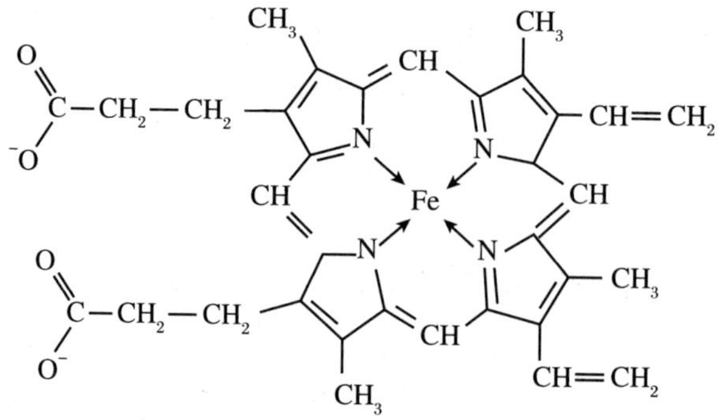

图 6.2 血红素分子结构式

(5) 用 ChemSketch 预测化合物的宏观性质:

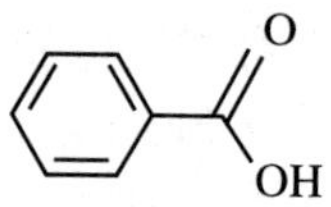

图 6.3 苯甲酸分子结构式

绘制图 6.3 化合物的结构,使用 Clean 命令调整结构,然后使用 Tools\

Calculate 计算该分子的所有性能“All Properties”，最后点击“Copy to Editor”，将该分子的所有性质贴于报告上。

数据记录和处理

(1) 绘制血红素分子的结构。
(2) 绘制苯甲酸分子的结构并计算其性质。

思考题

连续绘图模式与标准绘图模式下，分别连续单击所得结构有何不同？

实验21　片状BiOCl的合成及污染物降解①

实验原理

当前，环境和资源问题已成为制约人类生存和发展的关键因素，光催化技术具有很强的优势去解决环境污染问题和能源短缺问题。BiOCl是一种优良的p型半导体，在光催化领域有着广泛的应用前景，这是由于其特殊的二维层状结构和良好的光催化活性，从而引起了科研工作者极大的研究兴趣。

二维纳米结构光催化剂因其降维度诱导的量子约束而具有独特的化学性质，已广泛应用于水污染控制、水分解等领域。BiOCl具有典型的层状晶体结构，由$[Bi_2O_2]^+$板和双Cl^-片交错地层状组装，有利于形成薄层结构。本实验用水解的方法制备BiOCl，反应式为：

$$BiCl_3 + H_2O \Longrightarrow BiOCl + 2HCl$$

使用聚乙二醇-聚丙二醇-聚乙二醇三嵌段共聚物（P123）作为模板剂，导向合成片状BiOCl，作为污染物的高效光降解催化剂。

罗丹明B（RhB），又称玫瑰红B、碱性玫瑰精，是一种人工合成的红色碱性荧光染料，广泛用于有色玻璃、特色烟花爆竹等行业，是一种致癌物。本实验使用合成的片状BiOCl作为催化剂，对其进行光降解。光催化降解率计算式如下：

$$\text{降解率}(\%) = \left(1 - \frac{c_t}{c_0}\right) \times 100$$

式中，c_t为可见光照射一定时间t时的反应物浓度，c_0为可见光照射前的反应物的初始浓度。

仪器和试剂

1. 仪器

紫外可见光谱仪或分光光度计；氙灯（300 W）；搅拌器；烧杯；离心管；容量瓶。

① 本实验由顾颖颖博士提供。

2. 试剂

$BiCl_3$(s);HNO_3(1 mol/L);无水乙醇;罗丹明 B(s)。

实验内容

1. 片状 BiOCl 的合成

将 10 mmol 的 $BiCl_3$加入 30 mL 1 mol/L 的 HNO_3水溶液中,加热搅拌直到$BiCl_3$完全溶解,获得溶液 A。将 0.4 g P123 加入 15 mL 0.75 mol/L 的 HCl 中搅拌,搅拌直到形成透明液体 B。将溶液 A 滴入溶液 B 中,再加入去离子水20 mL,搅拌直到出现白色沉淀。所得沉淀物经离心,用乙醇和去离子水多次洗涤。最后,样品在真空烘箱中干燥,获得 BiOCl 纳米片。

2. RhB 溶液的测定

配制 100 ppm 的 RhB,将其稀释成不同浓度的溶液后用紫外可见光谱仪测定,测定其最大吸收波长,并绘制标准曲线。

3. RhB 的降解

取 50 mL 20 ppm RhB 水溶液,在溶液中加入 BiOCl 纳米片 25 mg 作为催化剂。混合悬浮液在暗室中搅拌 30 min,在光照前达到吸附-脱附平衡(为什么?)。打开光源,进行光降解。每隔 1 min 提取 4 mL 悬浮液,离心,用紫外可见光谱仪测定上清液。本实验也可在阳光下进行,每 5 min 取样。

数据记录和处理

(1) RhB 溶液的最大吸收波长为________。

(2) 填表(表 6.1)并绘制 RhB 标准曲线。

表 6.1

项　目	0 min	5 min	10 min	15 min	20 min
RhB 浓度					
吸光度					

(3) 记录降解样品的吸光度,换算其实际浓度。

(4) 计算降解率并作图。

思考题

(1) 本实验中的催化剂在合成过程中若不使用硝酸或不加入 P123,那对材料有什么影响?

(2) 标准曲线的测定中,需要稀释哪几个浓度的溶液进行测定?

(3) 将 RhB 水溶液和催化剂混合后为什么要在暗室中搅拌 30 min?

参 考 文 献

[1] Xu Zhen,Gu Yingying, An Yarui, et al. P123-modified synthesis of BiOCl nanosheet/bismuth nitrate heterojunctions for photocatalytic pollutant degradation [J]. ACS Appl. Nano Mater, 2022(5):931-938.

实验 22　Cu 基纳米酶的制备及类过氧化物酶的性能研究[①]

实验原理

纳米酶是一类既有纳米材料的独特性能，又有催化功能的模拟酶。由于其较强的催化活性以及在生物传感、食品加工和环境保护等方面的潜在应用，近年来备受关注。自 2007 年发现 Fe_3O_4纳米材料具有类酶活性后，许多科学家开始探索纳米材料的类酶活性。迄今为止，金属氧化物（如 MnO_2、Co_3O_4、V_2O_5），金属硫化物（如 CuS、FeS），贵金属（如 Au、Ag、Pd、Pt），碳基材料（如碳纳米管、富勒烯、石墨烯）及金属有机骨架等材料表现出优异的催化活性。

过渡金属硫化物因低成本、高比表面积、优异的理化性质而被广泛用于电催化、传感、储能等领域。研究发现，过渡金属硫化物的性能依赖于其微观结构。雪花状 Cu_2S 具有卓越的类过氧化物酶特性，可用于过氧化氢的电催化还原，比色法检测过氧化氢等领域。

与单一的贵金属相比，双金属纳米材料由于两种金属间的协同作用，表现出更优异的性能。PtPd 二元合金不仅具有贵金属优异的导电性、良好的生物相容性等优点，同时具有优良的催化活性。

纳米酶可在过氧化氢存在条件下，将底物邻苯二胺（o-PD）氧化成橙黄色产物 2,3-二氨基吩嗪（DAP），生成电化学信号，反应方程式如下：

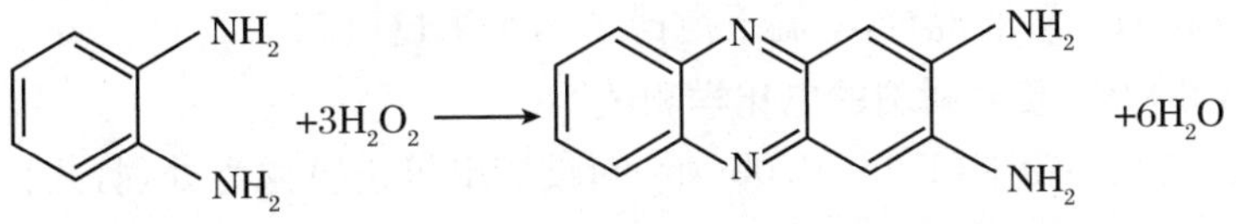

通过电化学信息的改变，从而实现对过氧化氢的定量检测。

① 本实验由安雅睿博士提供。

仪器和试剂

1. 仪器

电化学工作站(CHI660E);高速台式离心机;加热搅拌器;聚四氟乙烯高压反应釜;干燥箱;pH 计;玻碳电极($\varphi=3$ mm);饱和甘汞电极;铂丝电极;离心管。

2. 试剂

$CuCl_2 \cdot 2H_2O$;乙二胺;硫脲;DMF;K_2PtCl_6;Na_2PdCl_4;KBr;PVP;无水乙醇;壳聚糖;PBS 缓冲溶液(pH = 7.0,0.2 mol/L);铁氰化钾(2.5 mmol/L);邻苯二胺(o-PD);H_2O_2(20.0 mmol/L)。

实验内容

1. 雪花状 Cu_2S 的制备

将 0.1705 g $CuCl_2 \cdot 2H_2O$ 溶于 30.00 mL 乙二胺中,超声分散。加入 0.2284 g 硫脲,室温下搅拌 2 h。将溶液转移至 50 mL 的聚四氟乙烯高压反应釜中,80 ℃下反应 8 h。将所得产物离心,并用乙醇洗涤,室温下干燥备用。

2. PtPd 纳米粒子的制备

在含有 15.00 mL H_2O 和 15.00 mL DMF 的烧杯中加入 16 mg K_2PtCl_6 和 49 mg Na_2PdCl_4,随后在搅拌状态下加入 0.2380 g KBr 和 100.0 mg PVP,搅拌至形成均匀溶液。将溶液转移至 50 mL 的聚四氟乙烯高压反应釜中,140 ℃下反应 4 h。将所得产物离心,并用水和乙醇洗涤,室温下干燥备用。

3. Cu_2S-PtPd 复合材料的制备

将 1.00 mg Cu_2S 溶于 1.00 mL 乙醇溶液中,超声分散至均匀;将 1.00 mg PtPd 溶于 1.00 mL 0.5%的壳聚糖溶液中,超声分散至均匀。然后将等体积的 Cu_2S 溶液和 PtPd 溶液混合,室温下搅拌 2 h,平衡过夜。

4. Cu_2S-PtPd 复合材料的电化学测试

首先用氧化铝粉末(1 μm,0.05 μm)对玻碳电极进行抛光处理,并且在去离子水中超声数次去除电极表面杂质。然后,将 5.0 μL Cu_2S-PtPd 溶液滴涂在玻碳电极表面,室温下干燥,得到 Cu_2S-PtPd/GCE。在 2.5 mmol/L 铁氰化钾溶液中测试循环伏安图(CV)和阻抗图(EIS)。

5. Cu_2S-PtPd 复合材料对 H_2O_2 的定量检测

将 Cu_2S-PtPd/GCE 置于含有 10 mmol/L o-PD 的 PBS(pH = 7.0,10.0 mL)溶液中,扫描电位为 −0.4 V。待电流稳定后,向溶液中每隔 50 秒加入 10 μL H_2O_2(5 mol/L),共加 10 次,测试其 I-t 曲线。

数据记录和处理

(1) Cu_2S-PtPd 复合材料的 TEM 图。

(2) Cu_2S-PtPd 复合材料的电化学测试图。

(3) 记录 I-t 曲线的电流值,绘制工作曲线。

思考题

(1) 本实验中 PtPd 纳米粒子的合成过程中,若不使用 PVP 会对材料有什么影响?

(2) 标准曲线的测定中,还可以采用哪些方法?

实验 23 水系锂离子电池中磷酸铁锂正极极片的制备及电化学性能研究①

实验原理

能源危机和环境污染已成为现今全人类面临的严峻挑战，迫使人们改善现有的能源结构，发展清洁、可高效利用的可再生能源及相关技术。其中，作为新能源及环保低碳的动力，电池产业得到迅猛发展，而锂离子电池凭借其优异的性能以及适中的制造成本成为众多动力电池的主流发展方向。

与传统有机电解液系统的锂离子电池相比，以锂盐水溶液作为电解液的锂离子电池，由于其价格低廉、高功率以及对环境无污染、安全性能高等优点，成为极具发展潜力的新一代储能系统。其中，磷酸铁锂（以下简称为 LFP）因其在水溶液中表现出优良的脱嵌锂性能，同时又具有良好的安全性、对环境无污染以及成本较低等优势，被认为是极有希望应用于水系锂电的正极材料。

LFP 电池正极充放电反应是在 $LiFePO_4$ 和 $FePO_4$ 两相间进行，反应方程式如下：

$$LiFePO_4 - xLi^+ - xe^- \xrightarrow{\text{充电}} xFePO_4 + (1-x)LiFePO_4$$

$$FePO_4 + xLi^+ + xe^- \xrightarrow{\text{放电}} xLiFePO_4 + (1-x)FePO_4$$

由于 $LiFePO_4$ 和 $FePO_4$ 晶体体积分别为 0.291 nm^3 和 0.272 nm^3，体积相近，在充放电过程中，其体积变化不超过 6.81%，不会造成颗粒的严重变形和破碎，因此具有优良的电化学循环性能。同时，由于磷酸铁锂晶体中的 P—O 键较强，难以分解，即便在高温或过充时，结构也不容易崩塌，具有很高的安全性及热稳定性。磷酸铁锂充放电晶体结构图如图 6.4 所示。

LFP 电池理论容量为 170 mAh/g，实际电池容量会低于理论容量。在评测电池性能好坏过程中，除了看电池充放电过程中的实际容量外，库仑效率也同样重要。库仑效率计算公式如下：

---

① 本实验由陈春光博士提供。

$$库仑效率 = 放电容量/充电容量 \times 100\%$$

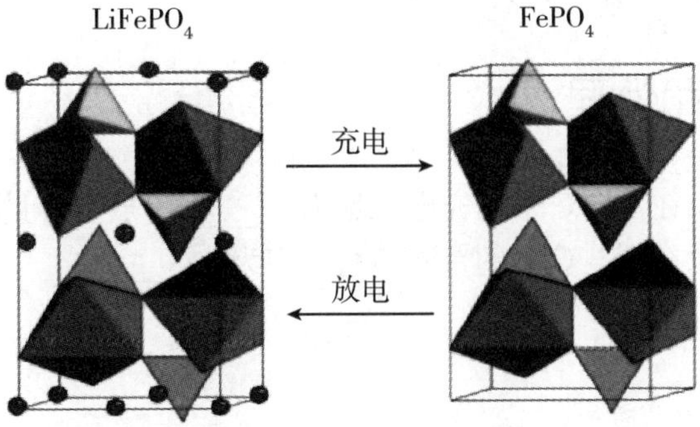

图 6.4　磷酸铁锂充放电晶体结构图

在本实验中，需熟练掌握 LFP 电池正极极片的制备及电化学性能的测试，并学会计算电池的库仑效率。

仪器和试剂

1．仪器

涂膜机；上海辰华电化学工作站；裁片机；铂片；饱和甘汞电极；三电极电解池；烘箱。

2．试剂

$LiFePO_4$材料；导电碳；聚偏氟乙烯（PVDF）；N-甲基吡咯烷酮（NMP）；铝箔；Li_2SO_4（1 mol/L）。

实验内容

1．LFP 正极极片的制备

称取 75 wt.%的 LFP 粉末、15 wt.%的导电碳和 10 wt.%的 PVDF，总计混合样 40 mg 放入研钵中进行充分研磨混合约 20 分钟。将上述混合粉末转移到 10 mL小烧杯中，滴加 NMP 并手动搅拌至浆料呈现黏稠状。

将浆料倒在切割好的铝箔上，并用涂膜机将浆料均匀地涂覆在铝箔粗糙面，80 ℃下干燥 12 h 后，用裁片机裁成直径为 12 mm 的原片作为 LFP 正极极片，并计算极片中活性物质的质量。

2．电化学性能测试

使用三电极体系，以涂有 LFP 材料的铂片为工作电极，饱和甘汞电极（SCE）作为参比电极，铂片为对电极，在 1 mol/L 的 Li_2SO_4 水溶液中使用电化学工作站测其电化学性能。循环伏安的扫描范围为 −0.8～1.0 V，扫速为 10 mV/s；在

0.3 C倍率下，进行恒流充放电，电压范围为－0.8～0.9 V。并绘制循环伏安曲线和首圈的充放电曲线，并计算其首圈库仑效率。

数据记录和处理

（1）LFP 电池在 0.3 C 下的充电容量为________，放电容量为________。
（2）LFP 电池在 0.3 C 下的首圈库仑效率为________。

思考题

（1）LFP 电池的充放电曲线为何有一个较长的充放电平台？
（2）LFP 正极材料制备过程中，为什么要加入导电碳，如果不加入，结果会如何？

参考文献

[1] Tang J, Wang L, Tian C, Chen C, et al. Double-protected layers with solid-liquid hybrid electrolytes for long-cycle-life lithium batteries[J]. ACS Applied Materials & Interfaces, 2022, 14(3): 4170-4178.
[2] Chen C, Chen X, Zhang X, et al. A new type of cyclic silicone additive for improving the energy density and power density of Li-O_2 batteries [J]. Journal of Materials Chemistry A, 2018, 16(6): 7221-7226.

实验 24　化学镀法制备催化电极
——电解水析氢性能影响及分析①

实验原理

1. 化学镀

化学镀(Electroless Plating)因其不使用电源也被称为不通电电镀。化学镀最早是在 1845 年 Wutz 用次磷酸盐从镍溶液中还原出金属镍,但是其真正的应用是在 100 多年以后,1946 年美国的 Brenner 和 Riddell 利用上述原理成功地将 Ni-W 合金镀覆在管子内部,从而走向实际应用。自发现化学镀工艺 60 多年来,化学镀从实验室走向工业化生产,由于其镀层本身具有独特的优良性能,且与其他技术相比,化学镀工艺无需外加电源(利用溶液中的还原剂将金属离子还原为金属并沉积在基底表面形成镀层),因此具有操作方便、工艺简单、镀层均匀、孔隙率低、外观良好等优点,能在塑料、陶瓷等多种非金属基体上沉积,具有高附着力和优良的抗腐蚀性能。

化学镀得以迅速发展,除了上述优良特性外,更重要的原因是与电镀相比,化学镀是一种极低污染的工艺(不含 CN^-、Cr^{6+}),化学镀液中金属离子浓度仅为电镀液中金属离子浓度的 1/10,而且离子利用率高,因而在化学镀废液中金属离子浓度非常低,废液处理较简单,投资低。在塑料表面镀金属层,可以提高塑料的机械强度,改变塑料的表面功能。由于大部分塑料都是绝缘体,不能在塑料上直接进行电镀,因此电镀时,首先需对塑料表面进行金属化处理,即在不通电的情况下,给塑料制件表面覆上一层导电的金属薄膜,使其具有导电能力,然后才能进行电镀。塑料制件金属化处理的方法很多,如真空镀膜、金属喷镀、阴极溅射、化学镀等。其中化学镀是经常采用的方法。化学镀技术应用范围很广,化学镀液可以按其 pH 分类:① 酸性镀液:pH 3.0～5.0,应用最为广泛,工艺操作温度 85～95 ℃;② 碱性镀液:pH 8～9,工艺操作温度 35～90 ℃,主要应用于非金属材料的金属化。

2. 化学镀的反应

化学镀过程中发生的化学方程式如下:

① 本实验由郝伟举博士提供。

$$NiCo^{2+} + H_2PO_2^- + H_2O \longrightarrow Ni_2P + Ni_3O_4 + H^+ + H_2\uparrow$$

镀液组成、镀液 pH 和温度,甚至镀液的搅拌形式等因素对沉积层的结构和性能都有着很大的影响。确定镀液组成和沉积条件,可电镀出具有所要求的物化性质的沉积层。

3. 电解水催化过程的反应

(1) 在酸性电解液体系下反应:

$$\text{阴极反应}\quad 4H^+ + 4e^- \longrightarrow 2H_2 \tag{1}$$

$$\text{阳极反应}\quad 2H_2O - 4e^- \longrightarrow O_2 + 4H^+ \tag{2}$$

(2) 在碱性电解液体系下反应:

$$\text{阴极反应}\quad 4H_2O + 4e^- \longrightarrow 2H_2 + 4OH^- \tag{3}$$

$$\text{阳极反应}\quad 4OH^- - 4e^- \longrightarrow O_2 + 2H_2O \tag{4}$$

仪器和试剂

1. 仪器

烧杯;量筒;镍片;搅拌器;电化学工作站(CHI760E)等。

2. 试剂

六水合硫酸镍($NiSO_4 \cdot 6H_2O$,AR);次亚磷酸钠(NaH_2PO_2, AR);丁二酸二钠(AR);硫酸钠(AR);去离子水等。

实验内容

本实验分为五个部分:镀件前处理;化学镀前处理;化学镀;电镀;电解水性能分析。对重点的三个部分进行说明。

(1) 化学镀前处理:准确称量镍片质量(1 cm×1 cm),盐酸 0.1 mol/L,温度 40 ℃,浸泡时间 3 分钟,水冲洗。

(2) 化学镀镍磷:镀液每组 25 mL,其中硫酸镍 15 g/L, 丁二酸钠 20 g/L,硫酸钠 10 g/L,次亚磷酸钠 10 g/L,温度 60 ℃,化学镀分别为 30 min,60 min,90 min,水洗。

(3) 电镀:取 1 mol/L KOH 的电解质溶液,上述通过化学镀制备出的电极进行电解水制氢,比较相同电压下,电流密度的大小(mA/cm^2),即电压设定在 1.5 V～2.5 V 区间时,电流密度与电压的关系(取 8～10 个点作图),进而确定化学镀法对催化电极性能的影响。

数据记录和处理

(1) 请根据表6.2作出负载料柱状图(纵坐标是 mg/cm^2,横坐标是时间)。

表 6.2

化　学　镀	m_1(mg)	面　　积
空白泡沫镍		1 cm×1 cm
化学镀 30 min		1 cm×1 cm
化学镀 60 min		1 cm×1 cm
化学镀 90 min		1 cm×1 cm

(2) 请根据表6.3作出电流密度对电压的散点图并拟合直线,获得斜率。

表 6.3

电压(V)	电流密度(mA/cm^2)	斜　　率
1.50	10	
1.55	20	
1.60	30	
1.65	40	
1.70	50	
1.75	100	
1.80	150	

(3) 请在扫描电镜下观察不同时间下化学镀镍的形貌,同时比较同一时间下两组制备出的电极表面形貌。

思考题

(1) 电镀液中各添加剂主要起什么作用?

(2) 化学镀过程中涉及的化学反应是什么?

(3) 催化电极的性能与什么因素有关,如何提高催化电极的催化效率?

参考文献

[1] Hao Weiju, Huang Hao, Chen Ziliang, et al. Electroless plating-induced morphology self-assembly of free-standing Co-P-B enabling efficient overall water splitting [J]. Electrochimica Acta, 2020(354):1-10.

[2] Hao Weiju, Wu Renbing, Zhang Ruiqi, et al. Electroless Plating of Highly Efficient Bifunctional BorideBased Electrodes toward Practical Overall Water Splitting [J]. Adv. Energy Mater, 2018,26(8):1-8.

实验 25　TiO_2 纳米管的制备及光电化学水分解性能测试[①]

实验原理

1. 光电化学水分解原理

近年来,利用光电化学(PEC)技术将水分解为氢气和氧气已经引起了人们的广泛关注,成为解决当前能源和环境危机的有效战略之一。1972 年,Fujishima 和 Honda 报道了在外加光源的帮助下 TiO_2 阳极和 Pt 阴极可以将氢气和氧气从水中分解出来,自此研究人员对光电化学水分解领域产生了极大的兴趣。在光电化学水分解反应过程中,半导体光电极中的电子和空穴等电荷载体能够被能量超过其带隙(E_g)的光子所激发。这些被光激发的电荷载流子向相反方向分离。少数载流子(光阳极的空穴和光阴极的电子)通过空间电荷区迁移到光电极的表面。剩余的多数载流子(光阳极的电子和光阴极的空穴)同时被驱赶到对电极的表面,以完成水分解的氧化还原反应,如图 6.5 所示。

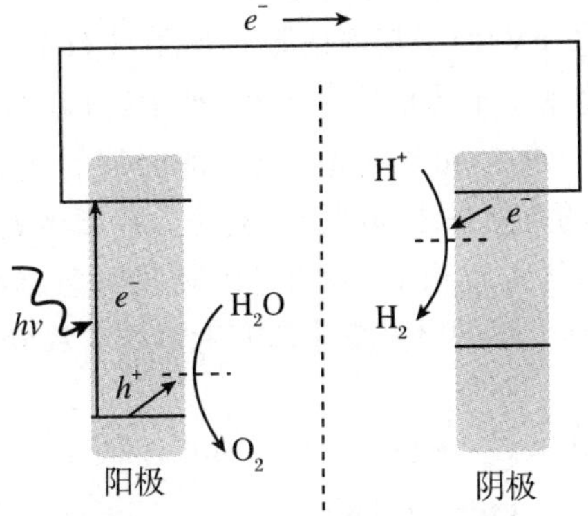

图 6.5　光电催化水分解机理图

由于在光电化学水分解过程中只需要提供一个低输入偏压来抵消水氧化/还

① 本实验由辛艳梅博士提供。

原的过电位即可将太阳能转化为氢能进行储存,这有助于处理当前的环境和能源问题。因此,光电化学水分解被认为是太阳能转换为 H_2 燃料简单有效的方法之一。

光电化学水分解为非自发化学反应(方程式 1),主要由阳极析氧反应(方程式 2)和阴极析氢反应(方程式 3)构成。其中,阳极材料是以电子为主体进行导电的 n 型半导体,例如,二氧化钛(TiO_2)、钒酸铋($BiVO_4$)、氧化钨(WO_3)和氧化锌(ZnO)等;阴极材料是以空穴为主体进行导电的 p 型半导体,例如,氧化亚铜(Cu_2O)、铁酸镧($LaFeO_3$)和氮化镓(GaN)等。

总反应　$H_2O(l) \longrightarrow H_2(g) + 1/2O_2(g)$　$\Delta G^{\ominus} = 237.2\ kJ/mol$　(1)

水氧化(阳极)反应　$H_2O \longrightarrow 1/2O_2 + 4H^+ + 4e^-$　$E = 1.23\ V$　(2)

水还原(阴极)反应　$2H^+ + 2e^- \longrightarrow 2H_2$　$E = 0\ V$　(3)

根据能斯特方程进一步变换后,得到整个反应发生的热力学电压为 1.23 V。然而,在实际中由于光电化学体系中电解质界面的电阻和极化现象,氧化和还原的半反应表现出相当大的过电位(反应方程式(2),(3))。此外,再考虑到半导体光电极在标准条件下产生的理论最大光电压比禁带宽度低约 400 mV。要使水分解反应能够正常发生,半导体光电极的禁带宽度至少应该大于 1.6 V。除了半导体材料需要满足的带隙要求外,其导带和价带的边缘位置也必须与水的氧化或者还原电位适当对齐(即导带(CB)所处的电位需要比 H^+/H_2 电极电势更负,价带(VB)所处的电位需要比 O_2/H_2O 电极电势位置更正),以便激发的电荷载流子可以在固体/液体电解质中发生转移和传递。因此,合适能带的半导体材料是提高光电化学水分解的主要途径。

2. 阳极氧化形成 TiO_2 纳米管的机理

TiO_2 纳米材料(3.2 eV)由于其催化能力强、化学性质稳定以及无毒等特性而吸引研究人员的广泛关注。尤其是管状 TiO_2 纳米结构(TiO_2NTs)既有很高的比表面积,又因其结构的特殊性,可作为光电化学水分解的载体。

制备 TiO_2 纳米管的成熟方法为阳极氧化法。在阳极氧化过程中,阳极氧化电流随时间变化的曲线形状大致相似,最初电流随时间急剧减小,然后电流有所增大,最后趋于稳定。根据上述的电流变化研究者将这大致分为三个过程,涉及的化学反应如下:

$$2H_2O \longrightarrow O_2 + 4H^+ + 4e^- \quad (4)$$

$$Ti + O_2 \longrightarrow TiO_2 \quad (5)$$

$$TiO_2 + 6F^- + 4H^+ \longrightarrow TiF_6^{2-} + 2H_2O \quad (6)$$

第一阶段:阳极氧化刚开始时,钛片的表面上有大量的氧气气泡,表面形成致密的薄膜,见反应式(4)。钛片阻挡层厚度改变影响了电路中的电阻,电流急剧降低。

第二阶段:随着表面氧化层的形成,膜层承受的电场强度急剧增大,在溶液和电场的共同作用下，阻挡层发生局部化学溶解形成孔核，在孔核的部分电场强度相对其他地方较大，高电场强度反过来又促进了进一步的氧化，见反应式(5)和(6)。氧化反应进程加快会促进大量的 H^+ 生成，提高溶液的酸度，加速了氟离子对氧化膜的局部溶解，促进孔核向更深处生长，见反应式(6)，对应于回路中的电流上升。

第三阶段：纳米管的生长阶段，电流趋于稳定。孔的生长是孔底部的氧化层不断向钛基底推进的结果。当达到平衡时纳米管的长度将不再增长，孔与孔的交界处有小坑，孔与孔之间钛氧化物通过小孔不断被溶解，最后形成管壁。纳米管阵列的演化如图 6.6 所示。TiO_2 的晶型有锐钛矿型和金红石型，其中锐钛矿型的催化活性较高。用阳极氧化法制备的纳米管阵列具有无定形相结构，须经过 450 ℃退火处理后可转化为锐钛矿型。

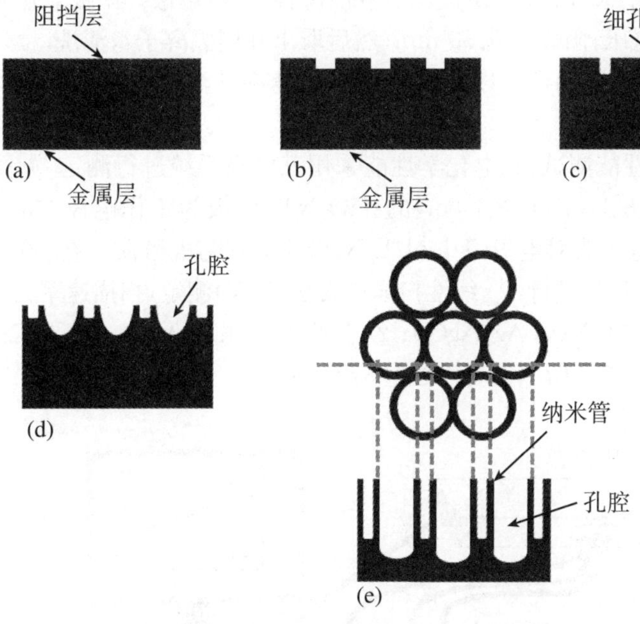

图 6.6　阳极氧化常压下直纳米管演化示意图

(a) 氧化层的形成；(b) 氧化层上微孔凹痕的生成；(c) 微孔凹痕生长成扇形结构的细孔；(d) 孔间金属区域在电场辅助下氧化；(e) 溶解完全生成的纳米管俯视图

仪器和试剂

1. 仪器

烧杯(50 mL)；量筒(100 mL)；分析天平；搅拌器；移液枪；电化学工作站；Pt 电极(对电极)；Ag/AgCl 电极(参比电极)；恒电位仪；马弗炉；氙灯光源和滤光片(PLS-SXE300，AM1.5G)。

2. 试剂

乙醇；丙酮；乙二醇(EG)；氟化氨(NH_4F)；钛片；NaOH。

实验内容

(1) 钛片的清洗：首先将钛片裁剪成 1 cm×4 cm 的形状，然后在丙酮和去离子水中各超声处理 5 min 去除表面的污渍，并干燥处理。

(2) 电解液的配置：乙二醇(20 mL)、氟化铵(0.08 g)、去离子水(400 μL)混合搅拌均匀备用。

(3) 阳极氧化制备 TiO_2 纳米管：实验中使用传统的双电极系统进行阳极氧化，其中 Ti 箔作为阳极，Pt 作为阴极，上述配置溶液为电解液。阳极氧化是在恒电位仪下施加 60 V 电压，阳极氧化 30 min，然后取出并用去离子水清洗。最后，将阳极氧化的 TiO_2 NTs 在马弗炉中以 5 ℃/min 升温速率升至 450 ℃，并恒温煅烧2 h，自然冷却至室温后备用。

(4) 光电化学性能测试：光电化学性能采用三电极系统进行测定，如图 6.7 所示。几何面积为正方形(1 cm×1 cm)的 TiO_2 NTs 电极为工作电极，Ag/AgCl 电极为参比电极，Pt 电极为对电极，1 mol/L NaOH 溶液为电解质。在 300 W 氙灯(100 mW/cm^2)光照射下进行：① 线性扫描伏安法(LSV)测定，扫描速率为 5 mV/s，电压范围是 −1.0～1.0 V(vs Ag/AgCl)；② 在偏压为 0.23 V(vs Ag/AgCl)的电位下测定瞬态光电流响应(I-t)(光开/关循环：20 s)。

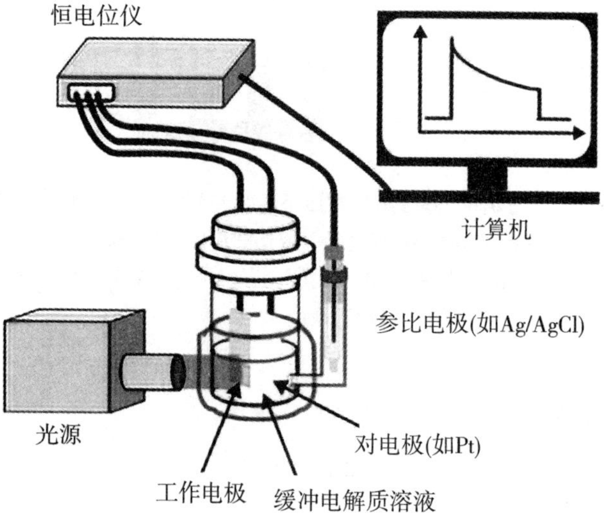

图 6.7 光电化学测试装置

注意事项：

(1) 钛片裁剪要规整，并将钛片做正反面标记。

(2) 阳极氧化时要在冰/凉水浴中进行，防止电流过大电解液温度过高。

(3) 正确使用两电极和三电极体系。

(4) 光电化学测试时氙灯光源需提前预热 5 min，正确使用氙灯光源。

(5) 不用直视光源，以免灼伤皮肤和眼睛。

(6) 实验结束后，及时关闭电化学工作站和光源，并清洗实验仪器。

数据记录和处理

(1) 绘制 TiO_2NTs 和 Ti 片在黑暗和光照下的 LSV 曲线，并做出相应的分析。

(2) 绘制 TiO_2NTs 和 Ti 片在 1.23 V(vs RHE)的 I-t 曲线，并做出相应的分析。

(3) 由 TiO_2NTs 和 Ti 片在光照下的 LSV 曲线推导 Tafel 斜率，并分析光电化学水分解性能。

实验 26　低共熔溶剂的合成及双组份低共熔相图的测定①

实验原理

低共熔溶剂(Deep Eutectic Solvents, DESs)通常是由两组分或三组分物质(通常为固体或者其中一个组分为固体)混合而成,其熔点低于各纯组分的熔点,如氯化胆碱和尿素的熔点分别为 303 ℃和 134 ℃,但是两者以摩尔比为 1∶2 形成低共熔溶剂的熔点却为 12 ℃。对于同一种低共熔溶剂,其熔点是由组分的摩尔比决定的;对于不同种类的低共熔溶剂,其熔点可能与组分的官能团有关。图 6.8 为典型的双组分低共熔相图。

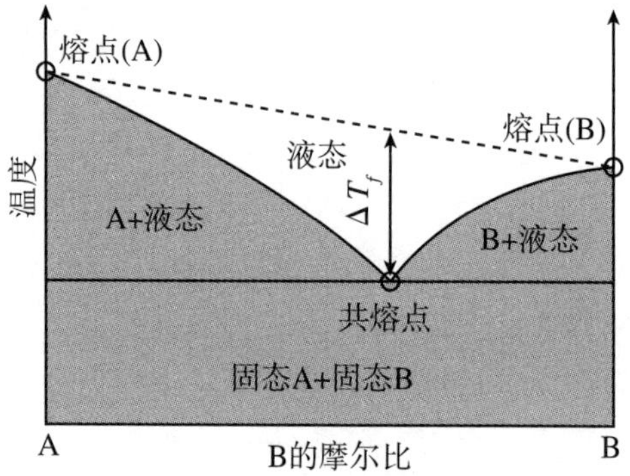

图 6.8　双组分低共熔相图

研究表明,低共熔溶剂是由组分之间氢键作用而形成,根据组分所扮演的角色不同,把能够提供氢原子的称为氢键供体(Hydrogen Bond Donors, HBDs),反之则称为氢键受体(Hydrogen Bond Acceptors, HBAs)。作为一种新型的绿色溶剂,低共熔溶剂具有低熔点、易合成、成本低、环境友好、可生物降解、良好的生物适应性及可再生等诸多优点,被广泛应用于有机合成、电化学、材料化学以及萃取分离等领域,成为绿色化学的研究热点。

---

① 本实验由么聪非博士提供。

由于低共熔溶剂是由一定摩尔比的 HBDs 和 HBAs 组成,因此可通过改变 HBDs 和 HBAs 的摩尔比来选择性地调控低共熔溶剂的物性,如熔点、黏度、密度和比热容等,这种物性的可调性使得低共熔溶剂更易满足需求。如所制备的低共熔溶剂的熔点越低,其液相范围越宽。本实验以甜菜碱和苯酚为例,采用差示扫描量热仪测定甜菜碱或氯化胆碱分别与苯酚形成低共熔溶剂的熔点及玻璃态转变温度,其测量范围为 -80～80 ℃,且仪器在氮气气氛下以 10 ℃/min 的升温速率进行升温,并绘制双组份低共熔相图。

仪器和试剂

1. 仪器

差示扫描量热仪;常量水分滴定仪;搅拌器;真空干燥箱;锥形瓶。

2. 试剂

甜菜碱;氯化胆碱;苯酚;无水乙醇。

实验内容

1. 低共熔溶剂的合成

首先,称取 5.0 g 的甜菜碱或氯化胆碱,随后,分别称取苯酚于装有甜菜碱或氯化胆碱的锥形瓶中,其摩尔比(苯酚:甜菜碱/氯化胆碱)为 1.50,2.00,2.50,3.00,3.50,4.00,4.50,5.00,5.50 和 6.00。将该混合物在 60 ℃条件下搅拌 30 min直到均相透明的液体形成。

将所制备的低共熔溶剂放于真空干燥箱中干燥 0.5 h,低共熔溶剂的水含量采用常量水分滴定仪进行测定,测定结果显示低共熔溶剂中水分含量均小于0.5 wt%。

2. 低共熔溶剂熔点的测定

将由不同摩尔比的低共熔溶剂用差示扫描量热仪测定其熔点(T_m)及玻璃态转变温度(T_g),并绘制双组分低共熔相图。

数据记录和处理

(1) 记录不同 DESs 的含水量,如表 6.4 所示。

(2) 记录不同 DESs 的熔点,并绘制双组分低共熔相图。

表 6.4

样品	x_{HBD}(%)	T_m(K)	T_g(K)	水含量(%)
1				
2				
3				
4				
5				
6				
7				
8				
9				
10				
11				
12				

思考题

(1) 低共熔溶剂的熔点为什么会降低？降低程度与哪些因素有关，影响如何？

(2) 是否所有的低共熔溶剂都具有固定的熔点？熔点与玻璃态转变温度间有什么区别？

(3) 实验测定过程中，升温速率对低共熔溶剂的熔点是否有影响，为什么？

(4) 举例说明还有哪些低共熔现象？

参考文献

[1] Yao Congfei, Wu Weize, Zhang Kai, et al. Efficient separation of phenol from model oils using environmentally benign quaternary ammonium-based zwitterions via forming deep eutectic solvents[J]. Chem. Eng. J., 2017(326): 620-626.

实验 27 药物中间体环硝酮的制备①

实验原理

环硝酮作为重要的合成砌块广泛应用于各种天然和生物活性化合物的合成,并且是一些具有生物活性化合物的核心结构,例如,环硝酮经过1,3-偶极环加成即可合成天然产物生物碱。此外,环硝酮还作为各种杂环化合物合成的前体,短暂自由基的自旋捕捉剂或治疗试剂,等等。特别是三氟甲基基团的引入,修饰和增强了原始化合物的生物活性,使得三氟甲基取代的环硝酮的合成引起了广泛的关注。

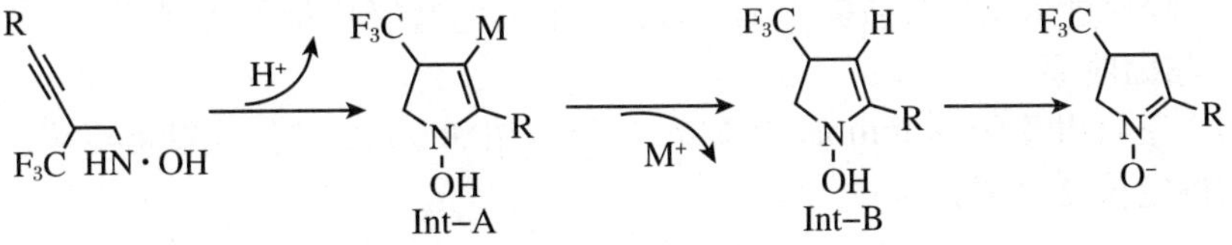

图 6.9 环硝酮制备方法

目前制备环硝酮化合物主要采用两种方法:其一,通过肟中的氮原子进攻发生分子内的亲核取代;其二,利用氧化反应制备环硝酮化合物。但是在环硝酮结构中选择性地引入含氟基团的报道则比较罕见。因此,本实验用过渡金属催化多官能团的羟胺类化合物制备含氟环硝酮。

其反应机理如下:多种官能团的含氟含炔基基团羟胺类化合物在过渡金属催化下,接受氮原子的进攻发生5-*endo-dig*环化反应得到中间体A,中间体A通过质子解脱金属化生成新的N-羟基烯胺中间体B,最后发生异构化得到含氟环硝酮化合物。

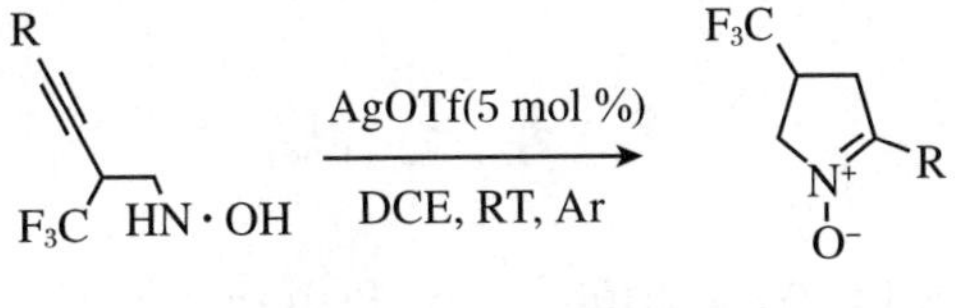

图 6.10 反应机理

① 本实验由曾琴实验师提供。

仪器和试剂

1. 仪器

紫外灯；反应管；硅胶板；毛细管。

2. 试剂

N-(4-苯基-2-三氟甲基-3-丁炔基)羟胺；AgOTf；氘代氯仿；乙醚；三氟甲苯；1,2-二氯乙烷。

实验内容

1. 含氟环硝酮的合成

取一洁净的反应管，将称取好的 *N*-(4-苯基-2-三氟甲基-3-丁炔基)羟胺(0.2 mmol，45.8 mg)，AgOTf(2.57 mg，5 mol%)加到反应管中，然后加入1,2-二氯乙烷(2.0 mL)，在氩气保护下于室温条件下搅拌 0.5 h。

2. 反应监测及后处理

用毛细管蘸取反应液和原料，在硅胶板上点样，将硅胶板放入含乙醚的展开缸中，TLC 监测显示原料羟胺完全消失，反应结束，直接减压旋干溶剂。

3. 核磁收率

加入三氟甲苯(0.2 mmol，29.2 mg)定标，用 0.5 mL 的氘代氯仿溶解，用核磁共振谱确定核磁收率。

数据记录和处理

(1) 绘制反应监测图。

(2) 核磁收率为________。列出计算公式________________。

思考题

(1) 本实验中如果不进行氩气保护，对实验有何影响？

(2) 确定核磁收率除了用三氟甲苯定标，还可以用其他试剂吗？为什么？

参考文献

[1] Zeng Qin, Zhang Li, Yang Jieru, et al. Pyrroles versus cyclic nitrones: Catalyst-Controlled divergent cyclization of N-(2-perfluoroalkyl-3-alkynyl) hydroxylamines [J]. Chem. Commun., 2014(50): 4203-4206.

实验 28　单晶的培养——看微观中的有机结构[①]

实验原理

晶体的培养即重结晶的过程，是将晶体溶于溶剂或熔融以后，又重新从溶液或熔体中结晶的过程。一般重结晶分为加热法和双溶剂法。

1. 加热法

在锥形瓶或圆底烧瓶中加入溶质和一定溶剂，装上球型冷凝管，加热 10 min，若仍有不溶物，继续从冷凝管上口补加溶剂至完全溶解再补加过量 30%的溶剂，自然冷却到室温(不要极速冷冻降温)或者更低温度，至晶体慢慢析出。

2. 双溶剂法

其中的一种溶剂($1^{\#}$ 溶剂)能使目标化合物完全溶解；另一种溶剂($2^{\#}$ 溶剂)加入后，使得目标化合物在第一种溶剂中达到饱和，能够诱导该化合物结晶。

单晶的培养一般根据化合物在不同溶剂中的溶解度的不同，随着溶剂的挥发，化合物慢慢结晶，形成晶体。一般晶体必须要求大小适度，透明良好。

X 射线单晶体衍射仪(X-ray Single Crystal Diffractometer)分析的对象是一粒单晶体，在一粒单晶体中原子或原子团均是周期排列的。将 X 射线(如 Cu 的 $K\alpha$ 辐射)射到一粒单晶体上会发生衍射，对衍射线的分析可以解析出原子在晶体中的排列规律，也即解出晶体的结构。

仪器和试剂

1. 仪器

试管；试管架；滴管；烧杯。

2. 试剂

三氟甲基环硝酮；石油醚；二氯甲烷；乙醚；乙酸乙酯。

---

① 本实验由曾琴实验师提供。

实验内容

1. 单晶培养

称取三氟甲基环硝酮约 10 mg 共 4 份，分别加入 1，2，3，4 号 4 支试管中，在 1 号和 2 号试管中加入少量二氯甲烷溶解，在 3 号和 4 号试管中加入少量乙醚（乙酸乙酯）溶解，然后沿着试管壁缓慢加入石油醚（注意不能直接滴入石油醚），可以看到试管中溶剂分层，具有两相，滴加速度先慢后快，滴加结束后用纸巾包住试管口，将 1 号和 3 号试管置于室温静置，2 号和 4 号放在冰箱冷冻静置，整个过程避免试管晃动。

2. 单晶衍射

对比 4 支试管单晶培养效果，记录实验数据，选出最优单晶做 X 射线单晶体衍射仪的结构鉴定。

数据记录和处理

(1) 对比单晶培养情况。
(2) 绘制单晶结构图。

思考题

(1) 本实验可以用哪些溶剂代替石油醚，为什么？
(2) 为什么实验过程中要避免试管晃动，晃动试管对实验会造成什么影响？
(3) 如果析不出晶体，可以使用什么办法加快晶体的析出？

参考文献

[1] Zeng Qin, Zhang Li, Yang Jieru, et al. Pyrroles versus cyclic nitrones: Catalyst-controlled divergent cyclization of N-(2-perfluoroalkyl-3-alkynyl) hydroxylamines[J]. Chem. Commun., 2014(50): 4203-4206.

实验 29　层析板上微量提纯吡喃类药物[①]

实验原理

薄层色谱(Thin Layer Chromatography,TLC),又叫薄板层析,是快速分离和定性分析少量物质的一种很重要的实验技术,固-液吸附色谱,它兼备了柱色谱和纸色谱的特点,一方面适用于少量样品(毫克甚至微克)的分离;另一方面在制作薄层板时,把吸附层加厚加大,又可用来精制样品。

薄层层析法是一种微量快速的分析分离方法,具有灵敏、快速、准确等优点。其原理是,利用混合物中各组分在某一物质中的吸附或溶解性能(即分配)的不同,或者极性的差异,使混合物的溶液流经该物质,进行反复的吸附或分配等作用,从而将各个组分分开。流动的混合物溶液称为流动相,固定的物质称为固定相,薄层层析法的固定相是涂在玻璃板上的硅胶或者氧化铝。

比移值(R_f)用于测量化合物的薄层板移动。R_f 定义为单个组分移动距离除以溶剂移动总距离,$R_f(=L/L_0)$始终在 0 和 1 之间。R_f = 组分移动距离/溶剂移动距离。通常化合物与固定相吸附剂的结合越强,它在薄层板上的迁移就越慢。

实验时,把要分离的混合物均匀地划在层析板的一端,用适当的溶剂展开,当溶剂流经吸附剂时,由于各物质被吸附的强弱不同,就以不同的速率随着溶剂移动。展开一定时间后,让溶剂停止流动,混合物中各组分就停留在层析板上显示出一个个色带的色谱图。

仪器和试剂

1. 仪器

硅胶板;一次性滴管;烧杯;棉花;刮勺;砂芯漏斗;茄型烧瓶(100 mL);紫外灯。

2. 试剂

含氟吡喃和噻喃的混合物;二氯甲烷;石油醚。

---

① 本实验由曾琴实验师提供。

实验内容

1. 点样

取一块硅胶板，在距离一端 1.5 cm 处用铅笔画一条横线作为起始线。称取含氟吡喃和噻喃的混合物 50 mg，放入烧杯中，加入少量的二氯甲烷溶解，在一次性滴管口塞入一些棉花，吸取烧杯中的溶液，在硅胶板起始线上均匀地点上样品混合液，可以重复点样，但是重复点样之前必须待混合样品干燥后才可以。

2. 展开

展开剂：石油醚：二氯甲烷 = 2：1。

待样品干燥后，将硅胶板放入含有展开剂的展开缸中，起始线的一端浸入展开剂 0.5 cm。盖上盖子，观察展开情况。

3. 提纯

展开完毕，取出硅胶板，待硅胶板干燥后，用紫外灯照射，画出分离的色带，记录 R_f，用刮刀将色带刮下并且收集，用砂芯漏斗过滤，二氯甲烷洗涤，收集滤液，旋蒸至干，称量。

4. 纯度检测

将所获得的提纯物进行核磁检测，获得核磁谱图。

数据记录和处理

(1) 产品质量为________。

(2) 计算 R_f 值为________。

(3) 根据核磁谱图，判断提纯物的纯度。

思考题

(1) 层析提纯的基本原理是什么？

(2) 与柱层析的提纯相比，优缺点是什么？

参考文献

[1] Zeng Qin, Huang Xinyu, Liu Mingqin, et al. Synthesis of trifluoromethylated 4H-pyran and 4H-thiopyran via divergent reaction of β-CF_3-1,3-enynes with β-ketothioamides[J]. Org. Lett., 2022(24): 8186-8191.

附　录

附录1　实验室安全责任承诺书

本人承诺：认真学习《化学实验室学生守则》，并且在实验期间，严格遵守文件中的规章制度，服从实验室教师管理，保证实验室安全，保证自身安全，按照正确操作规程使用仪器。如因自己违反正常操作规程而发生安全事故，造成人身伤害和财产损失，我愿承担相应责任。

姓名：

学号：

附录 2　实验报告格式

实验目的

实验原理

（注：包括装置图和反应式）

仪器和试剂

1. 仪器

2. 试剂

实验内容

（注：可以用流程图的形式，以上为实验预习部分）

实验数据记录与处理

思考题

附录 3 解离平衡常数

弱电解质	$K_{a1}^{\ominus}$	$pK_{a1}^{\ominus}$	$K_{a2}^{\ominus}$	$pK_{a2}^{\ominus}$
CH_3COOH	1.75×10^{-5}	4.756		
H_3AsO_4	5.5×10^{-3}	2.26	1.7×10^{-7}	6.76
C_6H_5COOH	6.25×10^{-5}	4.204		
H_3BO_3	5.4×10^{-10} *	9.27*	$>1\times10^{-14}$ *	>14*
$CH_2BrCOOH$	1.3×10^{-3}	2.90		
H_2CO_3	4.5×10^{-7}	6.35	4.7×10^{-11}	10.33
$CH_2ClCOOH$	1.3×10^{-3}	2.87		
$HClO_2$	1.1×10^{-2}	1.94		
H_2CrO_4	1.8×10^{-1}	0.74	3.2×10^{-7}	6.49
$C_6H_8O_7$	7.4×10^{-4}	3.13	1.7×10^{-5}	4.76
HCNO	3.5×10^{-4}	3.46		
$CHCl_2COOH$	4.5×10^{-2}	1.35		
CH_2FCOOH	2.6×10^{-3}	2.59		
HCOOH	1.8×10^{-4}	3.75		
HN_3	2.5×10^{-5}	4.6		
HCN	6.2×10^{-10}	9.21		
HF	6.3×10^{-4}	3.20		
H_2Se	1.3×10^{-4}	3.89	1.0×10^{-11}	11.0
H_2S	8.9×10^{-8}	7.05	1×10^{-19}	19
H_2Te	2.5×10^{-3}‡	2.6‡	1×10^{-11}	11
HBrO	2.8×10^{-9}	8.55		
HClO	4.0×10^{-8}	7.40		
HIO	3.2×10^{-11}	10.5		
HIO_3	1.7×10^{-1}	0.78		

续表

弱电解质	$K_{a1}^{\ominus}$	$pK_{a1}^{\ominus}$	$K_{a2}^{\ominus}$	$pK_{a2}^{\ominus}$
CH_2ICOOH	6.6×10^{-4}	3.18		
HNO_2	5.6×10^{-4}	3.25		
$C_2H_2O_4$	5.6×10^{-2}	1.25	1.5×10^{-4}	3.81
HIO_4	2.3×10^{-2}	1.64		
C_6H_5OH	1.0×10^{-10}	9.99		
H_3PO_4	6.9×10^{-3}	2.16	6.2×10^{-8}	7.21
H_3PO_3	5.0×10^{-2}*	1.3*	2.0×10^{-7}*	6.70*
$H_4P_2O_7$	1.2×10^{-1}	0.91	7.9×10^{-3}	2.10
$C_6H_4(OH)_2$	4.8×10^{-10}	9.32	7.9×10^{-12}	11.1
H_2SeO_4	强	强	2.0×10^{-2}	1.7
H_2SeO_3	2.4×10^{-3}	2.62	4.8×10^{-9}	8.32
H_2SO_4	强	强	1.0×10^{-2}	1.99
H_2SO_3	1.4×10^{-2}	1.85	6.3×10^{-8}	7.2
$C_4H_6O_6$	6.8×10^{-4}	3.17	1.2×10^{-5}	4.91
H_2TeO_4	2.1×10^{-8}‡	7.68‡	1.0×10^{-11}‡	11.0‡
H_2TeO_3	5.4×10^{-7}	6.27	3.7×10^{-9}	8.43

注：以上数据测于 25 ℃，其中 * 20 ℃，‡18 ℃。

附录 4　标准电极电势

电极反应(氧化态 + ne^- ⟶ 还原态)	标准电极电势($E^{\ominus}$/V)
$O_3(g) + H_2O(l) + 2e^- \longrightarrow O_2(g) + 2OH^-(aq)$	1.246
$ClO^-(aq) + H_2O(l) + 2e^- \longrightarrow Cl^-(aq) + 2OH^-(aq)$	0.89
$HO_2^-(aq) + H_2O(l) + 2e^- \longrightarrow 3OH^-(aq)$	0.88
$BrO^-(aq) + H_2O(l) + 2e^- \longrightarrow Br^-(aq) + 2OH^-(aq)$	0.766
$ClO_3^-(aq) + 3H_2O(l) + 6e^- \longrightarrow Cl^-(aq) + 6OH^-(aq)$	0.622
$2AgO(s) + H_2O(l) + 2e^- \longrightarrow Ag_2O(s) + 2OH^-(aq)$	0.604
$MnO_4^-(aq) + 2H_2O(l) + 3e^- \longrightarrow MnO_2(s) + 4OH^-(aq)$	0.6
$ClO_2^-(aq) + H_2O(l) + 2e^- \longrightarrow ClO^-(aq) + 2OH^-(aq)$	0.59
$BrO_3^-(aq) + 3H_2O(l) + 6e^- \longrightarrow Br^-(aq) + 6OH^-(aq)$	0.584
$IO^-(aq) + H_2O(l) + 2e^- \longrightarrow I^-(aq) + 2OH^-(aq)$	0.49
$Ni(OH)_3(s) + e^- \longrightarrow Ni(OH)_2(s) + OH^-(aq)$	0.48
$BrO^-(aq) + 2H_2O(l) + 2e^- \longrightarrow Br_2(l) + 4OH^-(aq)$	0.455
$IO^-(aq) + 2H_2O(l) + 2e^- \longrightarrow I_2(s) + 4OH^-(aq)$	0.42
$O_2(g) + 2H_2O(l) + 4e^- \longrightarrow 4OH^-(aq)$	0.401
$ClO_3^-(aq) + H_2O(l) + 2e^- \longrightarrow ClO_2^-(aq) + 2OH^-(aq)$	0.35
$Ag_2O(s) + H_2O(l) + 2e^- \longrightarrow 2Ag(s) + 2OH^-(aq)$	0.342
$Co(OH)_3(s) + e^- \longrightarrow Co(OH)_2(s) + OH^-(aq)$	0.17
$ClO_4^-(aq) + H_2O(l) + 2e^- \longrightarrow ClO_3^-(aq) + 2OH^-(aq)$	0.01
$NO_3^-(aq) + H_2O(l) + 2e^- \longrightarrow NO_2^-(aq) + 2OH^-(aq)$	−0.13
$CrO_4^{2-}(aq) + 4H_2O(l) + 3e^- \longrightarrow [Cr(OH)_4]^-(aq) + 4OH^-(aq)$	−0.54
$HPbO_2^-(aq) + H_2O(l) + 2e^- \longrightarrow Pb(s) + 3OH^-(aq)$	−0.59
$CH_2O(aq) + 2H_2O(l) + 2e^- \longrightarrow CH_3OH(aq) + 2OH^-(aq)$	−0.66
$SO_3^{2-}(aq) + 3H_2O(l) + 4e^- \longrightarrow S(s) + 6OH^-(aq)$	−0.67
$AsO_4^{3-}(aq) + 2H_2O(l) + 2e^- \longrightarrow AsO_2^-(aq) + 4OH^-(aq)$	−0.68

续表

电极反应(氧化态 + ne^- $\longrightarrow$ 还原态)	标准电极电势($E^{\ominus}$/V)
$AsO_2^-(aq) + 2H_2O(l) + 3e^- \longrightarrow As(s) + 4OH^-(aq)$	−0.828
$2H_2O(l) + 2e^- \longrightarrow H_2(g) + 2OH^-(aq)$	−0.97
$OCN^-(aq) + H_2O(l) + 2e^- \longrightarrow CN^-(aq) + 2OH^-(aq)$	−1.21
$As(s) + 3H_2O(l) + 3e^- \longrightarrow AsH_3(g) + 3OH^-(aq)$	−1.285
$[Zn(OH)_4]^{2-}(aq) + 2e^- \longrightarrow Zn(s) + 4OH^-(aq)$	−1.338
$Sb(s) + 3H_2O(l) + 3e^- \longrightarrow SbH_3(g) + 3OH^-(aq)$	−2.31
$[Al(OH)_4]^-(aq) + 3e^- \longrightarrow Al(s) + 4OH^-(aq)$	−2.687

附录 5　难溶电解质的溶度积常数

化合物	$K_{sp}^{\ominus}$	化合物	$K_{sp}^{\ominus}$
$AlPO_4$	9.84×10^{-21}	Hg_2CO_3	3.6×10^{-17}
$Ba(BrO_3)_2$	2.43×10^{-4}	Hg_2Cl_2	1.43×10^{-18}
$BaCO_3$	2.58×10^{-9}	Hg_2F_2	3.10×10^{-6}
$BaCrO_4$	1.17×10^{-10}	Hg_2I_2	5.2×10^{-29}
BaF_2	1.84×10^{-7}	$Hg_2C_2O_4$	1.75×10^{-13}
$Ba(IO_3)_2$	4.01×10^{-9}	Hg_2SO_4	6.5×10^{-7}
$Ba(NO_3)_2$	4.64×10^{-3}	$Hg_2(SCN)_2$	3.2×10^{-20}
$BaSO_4$	1.08×10^{-10}	$HgBr_2$	6.2×10^{-20}
$BaSO_3$	5.0×10^{-10}	HgI_2	2.9×10^{-29}
$Be(OH)_2$	6.92×10^{-22}	HgS	4×10^{-53}
$BiAsO_4$	4.43×10^{-10}	HgS	1.6×10^{-52}
BiI_3	7.71×10^{-19}	$Nd_2(CO_3)_3$	1.08×10^{-33}
$CdCO_3$	1.0×10^{-12}	$NiCO_3$	1.42×10^{-7}
CdF_2	6.44×10^{-3}	$Ni(OH)_2$	5.48×10^{-16}
$Cd(OH)_2$	7.2×10^{-15}	$Ni(IO_3)_2$	4.71×10^{-5}
$Cd(IO_3)_2$	2.5×10^{-8}	$Ni_3(PO_4)_2$	4.74×10^{-32}
$Cd_3(PO_4)_2$	2.53×10^{-33}	$Pd(SCN)_2$	4.39×10^{-23}
CdS	8.0×10^{-27}	K_2PtCl_6	7.48×10^{-6}
$CaCO_3$	3.36×10^{-9}	$KClO_4$	1.05×10^{-2}
CaF_2	3.45×10^{-11}	KIO_4	3.71×10^{-4}
$Ca(OH)_2$	5.02×10^{-6}	$Pr(OH)_3$	3.39×10^{-24}
$Ca(IO_3)_2$	6.47×10^{-6}	$RbClO_4$	3.00×10^{-3}
$Ca_3(PO_4)_2$	2.07×10^{-33}	ScF_3	5.81×10^{-24}
$CaSO_4$	4.93×10^{-5}	$Sc(OH)_3$	2.22×10^{-31}

续表

化合物	$K_{sp}^{\ominus}$	化合物	$K_{sp}^{\ominus}$
$CsClO_4$	3.95×10^{-3}	$AgCH_3CO_2$	1.94×10^{-3}
$CsIO_4$	5.16×10^{-6}	Ag_3AsO_4	1.03×10^{-22}
$Co_3(AsO_4)_2$	6.80×10^{-29}	$AgBrO_3$	5.38×10^{-5}
$Co(OH)_2$	5.92×10^{-15}	$AgBr$	5.35×10^{-13}
$Co_3(PO_4)_2$	2.05×10^{-35}	Ag_2CO_3	8.46×10^{-12}
$CuBr$	6.27×10^{-9}	$AgCl$	1.77×10^{-10}
$CuCl$	1.72×10^{-7}	Ag_2CrO_4	1.12×10^{-12}
$CuCN$	3.47×10^{-20}	$AgCN$	5.97×10^{-17}
CuI	1.27×10^{-12}	$AgIO_3$	3.17×10^{-8}
$CuSCN$	1.77×10^{-13}	AgI	8.52×10^{-17}
$Cu_3(AsO_4)_2$	7.95×10^{-36}	$Ag_2C_2O_4$	5.40×10^{-12}
CuC_2O_4	4.43×10^{-10}	Ag_3PO_4	8.89×10^{-17}
$Cu_3(PO_4)_2$	1.40×10^{-37}	Ag_2SO_4	1.20×10^{-5}
CuS	6.3×10^{-36}	Ag_2S	6.3×10^{-50}
$Eu(OH)_3$	9.38×10^{-27}	Ag_2SO_3	1.50×10^{-14}
$Ga(OH)_3$	7.28×10^{-36}	$AgSCN$	1.03×10^{-12}
$FeCO_3$	3.13×10^{-11}	$Sr_3(AsO_4)_2$	4.29×10^{-19}
FeF_2	2.36×10^{-6}	$SrCO_3$	5.60×10^{-10}
$Fe(OH)_2$	4.87×10^{-17}	SrF_2	4.33×10^{-9}
$Fe(OH)_3$	2.79×10^{-39}	$Sr(IO_3)_2$	1.14×10^{-7}
FeS	6.3×10^{-18}	$SrSO_4$	3.44×10^{-7}
$La(IO_3)_3$	7.50×10^{-12}	$TlBrO_3$	1.10×10^{-4}
$PbBr_2$	6.60×10^{-6}	$TlBr$	3.71×10^{-6}
$PbCO_3$	7.40×10^{-14}	$TlCl$	1.86×10^{-4}
$PbCl_2$	1.70×10^{-5}	Tl_2CrO_4	8.67×10^{-13}
PbF_2	3.3×10^{-8}	$TlIO_3$	3.12×10^{-6}
$Pb(OH)_2$	1.43×10^{-20}	TlI	5.54×10^{-8}
$Pb(IO_3)_2$	3.69×10^{-13}	$TlSCN$	1.57×10^{-4}
PbI_2	9.8×10^{-9}	$Tl(OH)_3$	1.68×10^{-44}

续表

化合物	$K_{sp}^{\ominus}$	化合物	$K_{sp}^{\ominus}$
$PbSeO_4$	1.37×10^{-7}	$Sn(OH)_2$	5.45×10^{-27}
$PbSO_4$	2.53×10^{-8}	SnS	1.0×10^{-25}
PbS	8.0×10^{-28}	$Y_2(CO_3)_3$	1.03×10^{-31}
Li_2CO_3	8.15×10^{-4}	YF_3	8.62×10^{-21}
LiF	1.84×10^{-3}	$Y(OH)_3$	1.00×10^{-22}
Li_3PO_4	2.37×10^{-11}	$Y(IO_3)_3$	1.12×10^{-10}
$MgCO_3$	6.82×10^{-6}	$Zn_3(AsO_4)_2$	2.8×10^{-28}
MgF_2	5.16×10^{-11}	$ZnCO_3$	1.46×10^{-10}
$Mg(OH)_2$	5.61×10^{-12}	ZnF_2	3.04×10^{-2}
$Mg_3(PO_4)_2$	1.04×10^{-24}	$Zn(OH)_2$	3×10^{-17}
$MnCO_3$	2.24×10^{-11}	ZnSe	3.6×10^{-26}
$Mn(IO_3)_2$	4.37×10^{-7}	ZnS	1.6×10^{-24}
Hg_2Br_2	6.40×10^{-23}	ZnS	2.5×10^{-22}

附表 6　配离子的稳定常数

金属配合物	$K_f^{\ominus}$
$Al^{3+} + 6F^- \rightleftharpoons [AlF_6]^{3-}$	7×10^{19}
$Cd^{2+} + 4NH_3 \rightleftharpoons [Cd(NH_3)_4]^{2+}$	1.3×10^7
$Cd^{2+} + 4CN^- \rightleftharpoons [Cd(CN)_4]^{2-}$	3×10^{18}
$Co^{2+} + 6NH_3 \rightleftharpoons [Co(NH_3)_6]^{2+}$	1.3×10^5
$Co^{3+} + 6NH_3 \rightleftharpoons [Co(NH_3)_6]^{3+}$	2.3×10^{33}
$Cu^+ + 2CN^- \rightleftharpoons [Cu(CN)_2]^-$	1.0×10^{16}
$Cu^{2+} + 4NH_3 \rightleftharpoons [Cu(NH_3)_4]^{2+}$	1.7×10^{13}
$Fe^{2+} + 6CN^- \rightleftharpoons [Fe(CN)_6]^{4-}$	1.5×10^{35}
$Fe^{3+} + 6CN^- \rightleftharpoons [Fe(CN)_6]^{3-}$	2×10^{43}
$Fe^{3+} + 6SCN^- \rightleftharpoons [Fe(SCN)_6]^{3-}$	3.2×10^3
$Hg^{2+} + 4Cl^- \rightleftharpoons [HgCl_4]^{2-}$	1.1×10^{16}
$Ni^{2+} + 6NH_3 \rightleftharpoons [Ni(NH_3)_6]^{2+}$	2.0×10^8
$Ag^+ + 2Cl^- \rightleftharpoons [AgCl_2]^-$	1.8×10^5
$Ag^+ + 2CN^- \rightleftharpoons [Ag(CN)_2]^-$	1×10^{21}
$Ag^+ + 2NH_3 \rightleftharpoons [Ag(NH_3)_2]^+$	1.7×10^7
$Zn^{2+} + 4CN^- \rightleftharpoons [Zn(CN)_4]^{2-}$	2.1×10^{19}
$Zn^{2+} + 4OH^- \rightleftharpoons [Zn(OH)_4]^{2-}$	2×10^{15}
$Fe^{3+} + SCN^- \rightleftharpoons [Fe(SCN)]^{2+}$	8.9×10^2
$Ag^+ + 4SCN^- \rightleftharpoons [Ag(SCN)_4]^{3-}$	1.2×10^{10}
$Pb^{2+} + 4I^- \rightleftharpoons [PbI_4]^{2-}$	3.0×10^4
$Pt^{2+} + 4Cl^- \rightleftharpoons [PtCl_4]^{2-}$	1×10^{16}
$Cu^{2+} + 4CN^- \rightleftharpoons [Cu(CN)_4]^{2-}$	1.0×10^{25}
$Co^{2+} + 4SCN^- \rightleftharpoons [Co(SCN)_4]^{2-}$	1×10^3